# essentials

*essentials* liefern aktuelles Wissen in konzentrierter Form. Die Essenz dessen, worauf es als „State-of-the-Art" in der gegenwärtigen Fachdiskussion oder in der Praxis ankommt. *essentials* informieren schnell, unkompliziert und verständlich

- als Einführung in ein aktuelles Thema aus Ihrem Fachgebiet
- als Einstieg in ein für Sie noch unbekanntes Themenfeld
- als Einblick, um zum Thema mitreden zu können

Die Bücher in elektronischer und gedruckter Form bringen das Expertenwissen von Springer-Fachautoren kompakt zur Darstellung. Sie sind besonders für die Nutzung als eBook auf Tablet-PCs, eBook-Readern und Smartphones geeignet. *essentials:* Wissensbausteine aus den Wirtschafts-, Sozial- und Geisteswissenschaften, aus Technik und Naturwissenschaften sowie aus Medizin, Psychologie und Gesundheitsberufen. Von renommierten Autoren aller Springer-Verlagsmarken.

Weitere Bände in der Reihe http://www.springer.com/series/13088

Lars Schnieder · René S. Hosse

# Leitfaden Safety of the Intended Functionality

Verfeinerung der Sicherheit der Sollfunktion auf dem Weg zum autonomen Fahren

2. Auflage

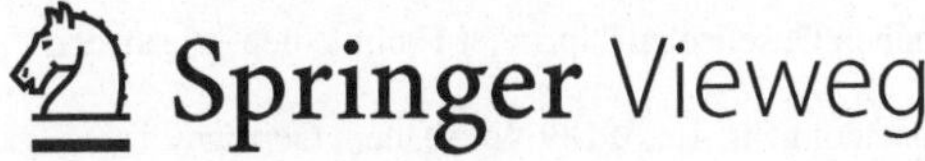

Lars Schnieder
ESE Engineering und
Software-Entwicklung GmbH
Braunschweig, Deutschland

René S. Hosse
ESE Engineering und
Software-Entwicklung GmbH
Braunschweig, Deutschland

ISSN 2197-6708          ISSN 2197-6716   (electronic)
essentials
ISBN 978-3-658-30037-1          ISBN 978-3-658-30038-8    (eBook)
https://doi.org/10.1007/978-3-658-30038-8

Die Deutsche Nationalbibliothek verzeichnet diese Publikation in der Deutschen Nationalbibliografie; detaillierte bibliografische Daten sind im Internet über http://dnb.d-nb.de abrufbar.



Planung/Lektorat: Alexander Grün
Springer Vieweg ist ein Imprint der eingetragenen Gesellschaft Springer Fachmedien Wiesbaden GmbH und ist ein Teil von Springer Nature.
Die Anschrift der Gesellschaft ist: Abraham-Lincoln-Str. 46, 65189 Wiesbaden, Germany

# Was Sie in diesem *essential* finden können

- Eine Definition des Begriffs Gebrauchssicherheit (englisch: Safety of the intended functionality, SOTIF)
- Erläuterung der grundlegenden Konzepte und Methoden in der Gestaltung der Gebrauchssicherheit an einem praxisnahen Beispiel.
- Eine Erklärung, dass im Engineering von Automotiveanwendungen die Gebrauchssicherheit als dritte Entwurfsaufgabe gleichberechtigt neben die Funktionale Sicherheit und die Automotive Cybersecurity tritt.
- Eine Darstellung der Motivation für einen strukturierten Entwurfsansatz der Gebrauchssicherheit als Beitrag zu einer nachhaltigen Verbesserung der Sicherheit des Straßenverkehrs („Vision Zero").
- Erläuterung des strukturierten Entwicklungsansatzes der Gebrauchssicherheit von der Konzeption von Fahrerassistenz und Fahrzeugautomation über die Implementierung und die erfolgreiche Eigenschaftsabsicherung bis hin zum systematischen Rückfluss von Felderfahrungen in die Entwicklung.
- Darstellung des Spektrums an Maßnahmen im Entwurf von Fahrerassistenz und Fahrzeugautomation, die auf die Beherrschung erkannter Risiken aus fehlerhafter Ausführung ihrer Sollfunktion zielen.

# Vorwort

Das allgegenwärtige Schlagwort der Digitalisierung des Verkehrs bedeutet konkret eine Zunahme der Fahrerassistenz und Fahrzeugautomation in den Fahrzeugen des Straßenverkehrs. Fahrzeuge sind untereinander und mit ihrer Umwelt vernetzt. Zukünftig werden Fahrzeuge in stärkerem Maße ihre Umwelt wahrnehmen, immer komplexere Verkehrssituationen interpretieren und in höherem Maße Fahrmanöver selbstständig ausführen. Vor diesem Hintergrund ist die sorgfältige Absicherung zunehmend komplexerer Fahrzeugfunktionen das Gebot der Stunde.

Die Autoren sind in ihrer Tätigkeit in der Begutachtung sicherheitsrelevanter elektronischer Steuerungssysteme für Kraftfahrzeuge mit den aktuellen Entwicklungen in der Normungslandschaft der Automobilbranche vertraut. Normen sind nach herrschender juristischer Meinung ein allgemein akzeptierter Maßstab des rechtlich Gebotenen. Für alle an der Entwicklung von Fahrerassistenz und Fahrzeugautomation Beteiligten enthalten Normen klare Empfehlungen zur Ausgestaltung von Entwicklungsprozessen und in der Produktgestaltung zu berücksichtigender Merkmale. Die Normenlandschaft für Automotiveanwendungen konsolidiert sich aktuell auf der Grundlage vorliegender Erfahrungen in der Gestaltung funktional sicherer Steuerungssysteme für Kraftfahrzeuge (ISO 26262, 2nd Edition). Parallel hierzu laufen internationale Normungsvorhaben zu den in diesem *essential* vorgestellten Aktivitäten zur Gewährleistung einer sicheren Sollfunktion (safety of the intended functionality, SOTIF). Die Automobilbranche entwickelt ein umfassendes Sicherheitsverständnis. Ziel der aktuell laufenden Normungsaktivitäten ist ein aufeinander abgestimmtes Zusammenwirken von Gebrauchssicherheit, Angriffssicherheit (englisch: automotive cybersecurity, vgl. hierzu ein ebenfalls von den Autoren bei Springer erschienenes *essential*) und der „klassischen" Sichtweise der funktionalen Sicherheit. Dieses ganzheitliche Sicherheitsverständnis mit besonderem Fokus auf die Gebrauchssicherheit darzulegen, ist die Motivation dieses *essentials*.

Dieses *essential* richtet sich an alle an der Entwicklung von Fahrerassistenz und Fahrzeugautomation für den Straßenverkehr betrauten Praktiker. Der Adressatenkreis ist – entsprechend der Komplexität des betrachteten Themas – zwangsläufig interdisziplinär. Dieses *essential* richtet sich sowohl an mit der Entwicklung und Eigenschaftsabsicherung betraute Ingenieure und Informatiker als auch an Ingenieurpsychologen sowie mit Produkthaftungsfragen befasste Juristen. Unser Dank gilt unseren Partnern in verschiedenen Unternehmen der Automobilindustrie sowie in der internationalen Forschungslandschaft. Auf der Grundlage vieler spannender Fachdialoge ist das in diesem *essential* dokumentierte Verständnis eines ganzheitlichen Sicherheitsparadigmas in der Automobilindustrie gewachsen. Diese zweite Auflage des *essentials* stellt eine Anpassung der Darstellungen an den fortgeschriebenen Stand der der Normung dar.

Braunschweig                                              Dr.-Ing. habil. Lars Schnieder
März 2020                                                       Dr.-Ing. René S. Hosse

# Inhaltsverzeichnis

# Mit einem Beispiel lässt sich alles leichter erklären

1

Dieses *essential* verfolgt das Ziel, einen Praxisleitfaden zur Anwendung der Methoden zur Erreichung der Sicherheit der Sollfunktion (englisch: safety of the intended functionality, SOTIF) bei der Entwicklung sicherheitsrelevanter elektronischer Steuerungssysteme für Kraftfahrzeuge bereitzustellen. Um dieses Ziel zu erreichen, werden in den folgenden Kapiteln zuerst die theoretischen und normativen Grundlangen der Sicherheit der Sollfunktion dargelegt. Diese Grundlagen werden anschließend an einem realen Unfallbeispiel, welches durch eine Unsicherheit in der Sollfunktion aufgetreten ist, praxisnah verdeutlicht. Aufgrund der umfassenden Aufarbeitung eines tödlichen Unfalls mit einem Tesla Model S vom 07. Mai 2016 durch das National Traffic Safety Board (NTSB) in den Vereinigten Staaten von Amerika, wird dieser Unfall zur Verdeutlichung der zuvor dargestellten Konzepte herangezogen (NTSB 2017):

**Beispiel 1**

Am 7. Mai 2016 um 16:36 Uhr kollidierte ein in westlicher Richtung auf dem US-Highway 27 A fahrender Personenkraftwagen mit einem von einer Zugmaschine gezogenen Sattelauflieger. Zum Zeitpunkt der Kollision bog der Sattelzug von den beiden Fahrbahnen der Gegenrichtung über die beiden nach Westen führenden Richtungsfahrbahnen des Highways auf eine untergeordnete Straße ab. Der Personenkraftwagen traf auf die rechte Seite des abbiegenden Sattelaufliegers und fuhr unter diesem durch. Das Fahrzeug verließ den Highway nach rechts, durchbrach den seitlichen Entwässerungsgraben sowie zwei Weidezäune und kam erst an einem Strommast abschließend zum Stillstand. Der Fahrzeuginsasse verstarb unmittelbar an den Folgen des Unfalls. Die Unfallanalyse ergab, dass das Unfallfahrzeug verunfallte, während verschiedene automatische Fahrfunktionen (Spurhalteassistent, adaptive Längsführung und Notbremsassistent) aktiv waren.

© Springer Fachmedien Wiesbaden GmbH, ein Teil von Springer Nature 2020
L. Schnieder und R. S. Hosse, *Leitfaden Safety of the Intended Functionality,*
essentials, https://doi.org/10.1007/978-3-658-30038-8_1

1

Der Untersuchungsbericht (NTSB 2017) verdeutlicht, dass viele verschiedene Faktoren den Unfallhergang befördert haben.

Unfallhergang vom 07. Mai 2016 (NTSB 2017)

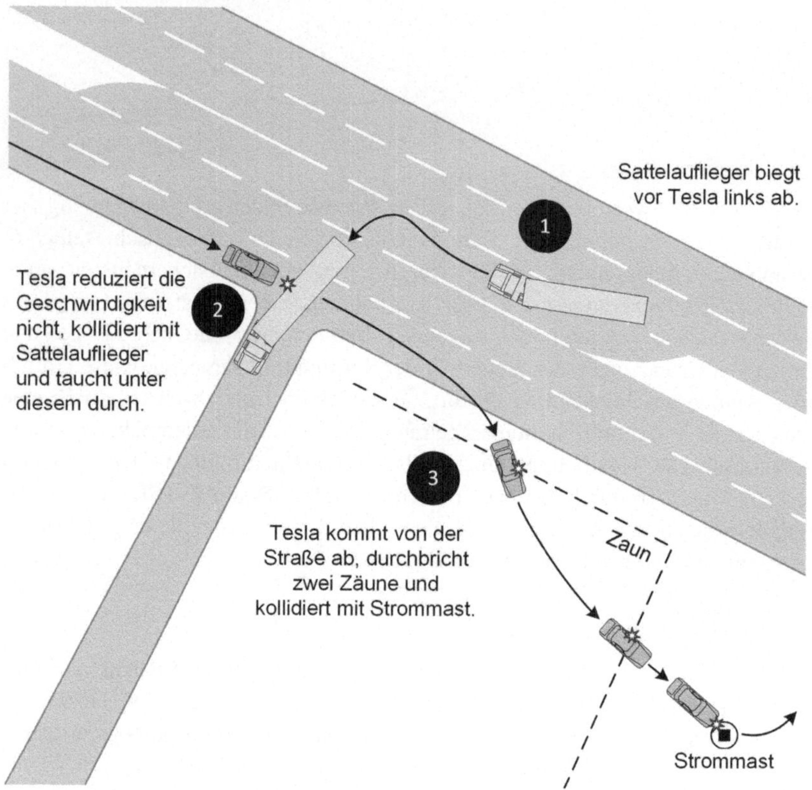


Die zum Unfall beitragenden Faktoren lassen sich vier grundsätzlichen Kategorien zuordnen:

- *Nicht wirksame Erkennung der Systemgrenzen:* Jede Automation wird für einen zulässigen Anwendungsfall entwickelt. Im vorliegenden Beispiel wurde die Funktion für autobahnähnliche Straßen mit baulicher Trennung der Richtungsfahrbahnen entwickelt. Auf Straßen dieser Kategorie muss ein querender Verkehr nicht angenommen werden. Im vorliegenden Beispiel hat der Fahrer hat die

Automatisierungsfunktionen außerhalb des bestimmungsgemäßen Gebrauchs betrieben. Die Einhaltung der bestimmungsgemäßen Verwendung wurde jedoch nicht technisch erzwungen.

- *Mangelhafte Systemauslegung:* Die Wirkkette von der Sensorik des Fahrzeugs über die Regelfunktion bis hin zur Aktorik des Fahrzeugs verdient eine nähere Betrachtung. Hierbei fällt auf, dass die eingesetzten Sensoren zum Unfallhergang beitragen. Die geometrische Anordnung der Radarsensoren war für die Erkennung eines querenden Sattelaufliegers nicht geeignet, da die Radarsensoren „unter dem Sattelauflieger hindurch gesehen" haben. Auch die Videosensoren haben die weiße Oberfläche des Sattelaufliegers nicht korrekt als Hindernis interpretiert.
- *Unzulängliche Rückgabe der Verantwortung an den Fahrer:* Dadurch, dass das System seine Grenzen nicht erkannt hat, wurde der Fahrer nicht wieder stärker in die Fahraufgabe eingebunden. Gleichfalls war die Warnung und Systemintervention bei erkannter Abwendung der Aufmerksamkeit des Fahrers unzureichend ausgeprägt. Dies wird durch die langen Zeiträume zwischen Warnung und tatsächlicher Intervention des Systems deutlich.
- *Unzureichende Berücksichtigung des vorhersehbaren Fehlgebrauchs:* Die technischen Möglichkeiten zur Erkennung der Aufmerksamkeitsabwendung des Fahrers waren unzureichend. Durch die alleinige Auswertung der Lenkaktivität kann nicht wirksam auf die vollständige Zuwendung der Aufmerksamkeit des Fahrers auf die Fahraufgabe geschlossen werden.

# SOTIF – Was es ist und was es nicht ist 2

Aus der Perspektive der Ingenieurwissenschaft heraus wird Sicherheit in der Regel definiert als „Freiheit von nicht akzeptierten Risiken". Bei näherer Betrachtung bedarf jedoch dieser abstrakte Sicherheitsbegriff einer Konkretisierung. In gegenwärtigen Standardisierungsaktivitäten haben sich für den umfassenden Begriff der Sicherheit verschiedene Teilbegriffe herauskristallisiert, die jeweils für sich genommen unterschiedliche Beiträge zum übergeordneten Ziel sicherer Fahrzeuge leisten.

Für dieses *essential* ist der Fokus auf sicherheitsrelevante elektronische Steuerungssysteme für Kraftfahrzeuge wichtig. Hierbei kann es sich zum einen um *aktive Sicherheitssysteme* handeln (beispielsweise die Fahrdynamikregelung eines Fahrzeugs). Diese aktiven Sicherheitssysteme sind auf die Unfallvermeidung ausgerichtet. Hierbei kann es sich zum anderen auch um *passive Sicherheitssysteme* handeln (beispielsweise ein Airbag). Diese passiven Sicherheitssysteme sind auf die Verminderung von Unfallschweregraden ausgerichtet. Sicherheitsrelevante elektronische Steuerungssysteme für Kraftfahrzeuge umfassen eine auf die Sicherheit ausgerichteten Umfeldwahrnehmung, eine Datenverarbeitung und eine im Einzelfall unterschiedlich ausgeprägte Reaktion. Diese Reaktion umfasst das Spektrum von einer bloßen Information oder Warnung des Fahrers bis hin zu einem aktiven Eingriff in die Quer- und Längsführung des Fahrzeugs. Weitere sicherheitsgerichtete Maßnahmen wie zum Beispiel die konstruktive Optimierung des Fahrzeugs im Sinne einer höheren Crashfestigkeit oder aber auch die elektrische Sicherheit sind nicht Gegenstand dieses *essentials*.

In Bezug auf die zuvor dargestellte Schwerpunktsetzung dieses *essentials* ist somit Sicherheit nach aktuell in der Automobilindustrie herrschender Auffassung das aufeinander abgestimmte Zusammenwirken von funktionaler

© Springer Fachmedien Wiesbaden GmbH, ein Teil von Springer Nature 2020  5
L. Schnieder und R. S. Hosse, *Leitfaden Safety of the Intended Functionality*,
essentials, https://doi.org/10.1007/978-3-658-30038-8_2

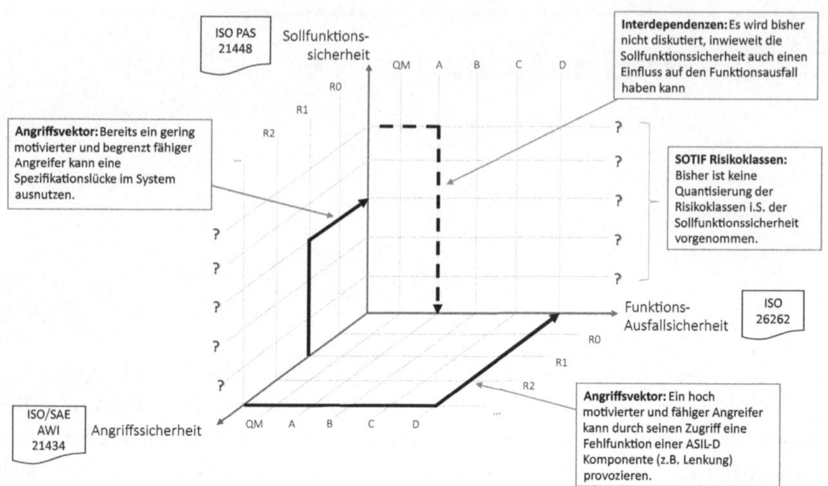


**Abb. 2.1** Achsen der Sicherheit für sicherheitsrelevanter elektronische Steuerungssysteme für Kraftfahrzeuge

Sicherheit (englisch: *functional safety*), Sicherheit der Sollfunktion (englisch: *safety of the intended functionality,* SOTIF) und Angriffssicherheit (englisch: *automotive cybersecurity*). Diese drei Teilgebiete verbinden sich zu einem integralen Ansatz (vgl. Abb. 2.1).

Diese drei Teilbegriffe werden nachfolgend vorgestellt und gegeneinander abgegrenzt.

## 2.1 Abgrenzung zur Korrektheit der Sicherheitsfunktion (ISO 26262)

*Funktionale Sicherheit* ist der Teil der Sicherheit, der von der korrekten Funktion des sicherheitsbezogenen Systems und anderer risikomindernder Maßnahmen (das bedeutet von den identifizierten Gefährdungen und aus diesen abgeleiteten Sicherheitsfunktionen) abhängt. Ziel ist es, den potenziellen Funktionsausfall zu bewerten und geeignete Maßnahmen zur Vermeidung systematischer Fehler und zufälliger Ausfälle umzusetzen. Auf diese Weise wird das Restrisiko auf ein akzeptiertes Maß reduziert. Die funktionale Sicherheit wird umfassend in der ISO 26262 beschrieben. Diese Norm ist der branchenweite Standard bei der Entwicklung sicherheitsrelevanter elektronischer Steuerungssysteme für Kraftfahrzeuge. Mit Abschluss der Über-arbeitung der ISO 26262 (sogenannte 2nd Edition) wird diese Zielsetzung der funktionalen Sicherheit geschärft. Diese Fokussierung ist in Tab. 2.1 durch die Gegenüberstellung der betreffenden Textpassagen der unterschiedlichen Ausgabe-stände der Norm dargestellt. Hierbei sind die Definitionen der Ausgangsversion (Ausgabedatum 2011) auf der linken Seite und die Definitionen der überarbeiteten Norm (im finalen Entwurf im Oktober 2018 veröffentlicht) auf der rechten Seite dar-gestellt. Im Vergleich der beiden Normen entfallende Definitionsbestandteile sind durchgestrichen und zusätzlich hinzukommende fett dargestellt.

Zusätzlich zu der Schärfung des Anwendungsbereichs werden in Abschn. 5.4.2.3 der ISO 26262:2018 zusätzlich die Teildisziplinen der Angriffs-sicherheit (vgl. Abschn. 2.2) und Sicherheit der Sollfunktion (vgl. Abschn. 2.3) für die Entwicklung sicherheitsrelevanter elektronischer Steuerungs- systeme für Kraftfahrzeuge als relevant herangezogen.

Die Prinzipien zur Umsetzung der Funktionalen Sicherheit in Automotiveanwendungen sind nur insoweit Gegenstand dieses *essentials,* als dass es der Abgrenzung der spezifischen auf die Gebrauchssicherheit ausgerichteten Aktivitäten dient.

**Definition** Mit dem Gestaltungsziel der funktionalen Sicherheit werden im Systementwurf gezielt Methoden zur Beherrschung systematischer Fehlern und zufälliger Ausfälle angewendet. Hierfür wird zunächst eine Risikoanalyse durch-geführt, bei der strukturiert verschiedene Fahrmanöver nach ihrer Häufigkeit, Kontrollierbarkeit im Falle eines Funktionsversagens und der Schwere möglicher Schäden bewertet werden. Aus den Ergebnissen der Risikoanalyse werden für

**Tab. 2.1** Vergleich der Anforderungen an die Gefährdungs- und Risikoanalyse zwischen ISO 26262:2011 und ISO 26262:2018

| ISO 26262:2011 | | ISO 26262:2018 | |
| --- | --- | --- | --- |
| 3–7.4.2.2.1 | The hazards shall be determined systematically ~~by using adequate techniques~~ | 3–6.4.2.2 | The hazards shall be determined systematically **based on the possible malfunctioning behaviour of the item** |
| 3–7.4.2.2.2 | Hazards shall be defined ~~in terms of the conditions or behaviour that can be observed~~ at the vehicle level | 3–6.4.2.3 | Hazards **caused by malfunctioning behaviour of the item** shall be defined at the vehicle level |

einzelne Sicherheitsfunktionen Sicherheitsintegritätsanforderungen (Automotive Safety Integrity Level, ASIL) abgeleitet, die den Umfang zu treffender Maßnahmen gegen systematische Fehler und zufällige Ausfälle beschreiben.

**Systematische Fehler** wirken sich immer gleichartig kritisch aus. Sie haben ihre Ursachen in der Systementwicklung. Ein Beispiel hierfür ist eine falsche oder unvollständige Umsetzung von Sicherheitsanforderungen, welche in einen fehlerhaften Systementwurf mündet. Die ISO 26262 fordert die Umsetzung umfassender Maßnahmen zur Vermeidung systematischer Fehler. Beispiele sind die verpflichtende Durchführung von Bestätigungsmaßnahmen (Audits zur funktionalen Sicherheit, unabhängige Bestätigungsreviews sowie die Begutachtung der funktionalen Sicherheit durch unabhängige Personen).

**Zufällige Ausfälle** treten zur Laufzeit des Systems auf. Beispiele hierfür sind Ausfälle elektronischer Bauteile der eingesetzten Hardware oder aber Auslassungen und Verfälschungen in der Datenübertragung. Die ISO 26262 fordert die Umsetzung konkreter technischer Sicherheitsmechanismen, um die Auswirkungen zufälliger Ausfälle zu beherrschen. Ausgangspunkt ist immer die Ausfalloffenbarung beispielsweise durch die Selbstüberwachung des Systems im laufenden Betrieb, die anschließende Einnahme des sicheren Zustands im Falle erkannter Abweichungen sowie die Beibehaltung des sicheren Zustands.

## 2.2  Abgrenzung zur Kompromittierungsverhinderung der Sicherheitsfunktion (SAE J 3061)

Cybersecurity zielt auf die Verhinderung der Kompromittierung von Sicherheitsfunktionen. Hierbei steht der Schutz des betrachteten sicherheitsrelevanten elektronischen Steuerungssystems vor Gefahren aus der Systemumwelt im Vordergrund. Bedrohungsvektoren wirken von außen auf das betrachtete sicherheitsrelevante elektronische Steuerungssystem ein und können dessen korrekte Funktionsweise negativ beeinflussen. Hierdurch steht diese Teildisziplin in engem Verhältnis zur funktionalen Sicherheit (vgl. Abschn. 2.1) und der Gebrauchssicherheit (vgl. Abschn. 2.3):

- Angriffe von außen können gezielt umgesetzte Sicherheitsfunktionen aushebeln. Sie können sich somit negativ auf die funktionale Sicherheit auswirken.
- Angriffe von außen können gezielt ein bislang unbekanntes unsicheres Systemverhalten provozieren. Sie können sich somit auch negativ auf die Gebrauchssicherheit auswirken.

Die Angriffssicherheit ist Gegenstand eines aktuellen internationalen Normungsvorhabens (SAE J 3061). Die Angriffssicherheit wird in diesem *essential* nicht betrachtet. Die Angriffssicherheit wird in einem anderen von den Autoren verfassten *essential* dargestellt.

Das Gestaltungsziel der Verhinderung der Kompromittierung der Sicherheitsfunktion wird durch dedizierte technische Maßnahmen erreicht. Sie haben ihren Ursprung in einer Identifikation der Bedrohungen und einer Analyse der mit diesen korrespondierenden Risiken. Basierend hierauf werden systematisch umfassende technische Konzepte zum Angriffsschutz ausgearbeitet. Diese umfassen unter anderem Schutzmaßnahmen wie PIN- oder Kennwortschutz oder eine digitale Signatur für Steuerprogramme, um die Ausführung von nicht autorisierter Software im betrachteten System zu verhindern (Schnieder und Hosse 2018).

## 2.3　Vollständigkeit der Sicherheitsfunktion nach ISO/PAS 21448

Die *Gebrauchssicherheit* betrachtet die vom betrachteten System zu erbringende Sicherheit der Sollfunktion, oder auch Sollfunktionssicherheit. Hierbei dürfen bei bestimmungsgemäßem Gebrauch oder zu erwartendem Fehlgebrauch keine intolerablen Personengefährdungen vom betrachteten System ausgehen. Es können Gefährdungen durch eine unvollständige Spezifikation oder zu erwartendem (Fehl-)Gebrauch der Funktionen entstehen.

Die Vollständigkeit der Sicherheitsfunktion steht im Zentrum dieses *essentials* und wird in den nachfolgenden Abschnitten vertieft betrachtet.

Die Zielsetzung der Sicherheit der Sollfunktion (SOTIF) besteht in einem verbesserten Erkenntnisgewinn über das mögliche Systemverhalten auch bei bislang unbekannten Anwendungsszenarien. Eine Gefährdung im Sinne der Sollfunktionssicherheit tritt auf, wenn ein System bei Einhaltung sämtlicher vorab spezifizierter Anforderungen dennoch in einen unsicheren Zustand überführt werden kann und es infolgedessen zu einem Unfall kommt.

Auch wenn ein betrachtetes sicherheitsrelevantes elektronisches Steuerungssystem für Kraftfahrzeuge gemäß der Definition der ISO 26262 frei von Fehlern und im Sinne des Funktionsausfalls sicher ist, kann es dennoch zur Verletzung von Sicherheitszielen durch bisher nicht vorhergesehenes Systemverhalten kommen: Der mögliche Ereignisraum im Straßenverkehr lässt sich grundsätzlich in eine Menge *sicherer Ereignisse* und *unsicherer Ereignisse* unterteilen (vgl. Abb. 3.1). *Unsichere Ereignisse* sind durch die Flächen 2 und 3 in Abb. 3.1 dargestellt. Die *sicheren Ereignisse* sind definiert durch die Flächen 1 und 4. Weiterhin lässt sich hierzu der Ereignisraum in *bekannte Ereignisse* und *unbekannte Ereignisse* unterteilen. Die Menge *bekannter Ereignisse* ist durch die Flächen 1 und 2 dargestellt. Hingegen sind die *unbekannten Ereignisse* durch die Flächen 3 und 4 gekennzeichnet. Aus der Verschränkung der Merkmale „Bekanntheit/ Unbekanntheit" und „Sicherheit/Unsicherheit" möglicher Ereignisse heraus resultieren vier mögliche Kombinationen:

- Bereich *bekannter* und *sicherer* Systemzustände (Fläche 1 in Abb. 3.1)
- Bereich *bekannter* und *unsicherer* Systemzustände (Fläche 2 in Abb. 3.1)
- Bereich *unbekannter* und *unsicherer* Systemzustände (Fläche 3 in Abb. 3.1)
- Bereich *unbekannter* und *sicherer* Systemzustände (Fläche 4 in Abb. 3.1)

SOTIF setzt sich zum Ziel, einen strukturierten Entwurfsprozess für eine Vermeidung von Sicherheitsverletzungen durch eine fehlerbehaftete Sollfunktion zu definieren. Eine Sollfunktion gilt als fehlerbehaftet, wenn das Systemverhalten nicht ausreichend bekannt und spezifiziert ist. Daher erarbeitet SOTIF dediziert den Sektor 3 in Abb. 3.1 (unbekannte und unsichere Ereignisse). Nachdem Methoden

© Springer Fachmedien Wiesbaden GmbH, ein Teil von Springer Nature 2020                     11
L. Schnieder und R. S. Hosse, *Leitfaden Safety of the Intended Functionality,*
essentials, https://doi.org/10.1007/978-3-658-30038-8_3

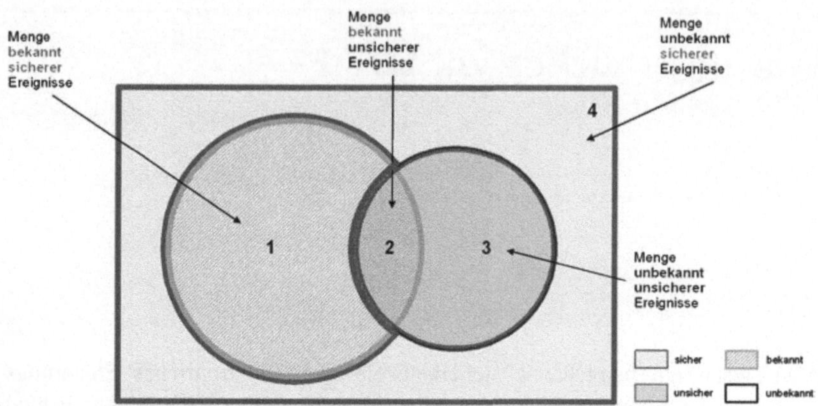


**Abb. 3.1** Differenzierung des Ereignisraumes nach Bekanntheit und Sicherheit

angewendet werden, welche die Menge unbekannter und unsicherer Ereignisse reduzieren, können Maßnahmen zur Gefährdungsbeherrschung ergriffen werden. Die Maßnahmen zur Gefährdungsbeherrschung reduzieren die Menge an jetzt bekannten unsicheren Ereignissen und leisten damit einen Beitrag, das System sicherer zu gestalten.

Neben den Hersteller von Fahrzeugen, wird SOTIF zukünftig ebenfalls bei den Zulieferern komplexer sicherheitsrelevanter elektronischer Steuerungssysteme für Kraftfahrzeuge eine zunehmend größere Rolle spielen. Durch Zunahme der Komplexität von heutigen Steuergeräten, insbesondere im Bereich von Fahrer-assistenzsystemen und der Hochautomation, wird die strukturierte Betrachtung eines unbekannt unsicheren Systemverhaltens bedeutender. So lange die Systeme nur einen Automatisierungsgrad von Level 2 (teilautomatisiert, partial auto-mation) gemäß SAE J 3016 erreichen, sollte eine höhere Sicherheitsrelevanz als die Sicherheitsintegritätsstufe ASIL B für die Steuergeräte nicht erreicht werden. Sobald der Fahrer allerdings aus dem Fahrprozess herausgegriffen wird, steigen die Sicherheitsziele für die Automatisierungsfunktionen bis zu einer Sicher-heitsintegritätsstufe ASIL D an. Im Vergleich zur ISO 26262 beinhaltet der SOTIF PAS bisher keine Metrik, welche eine Sicherheitsrelevanz einer Funktion zuordnet.

## 3.1 Das Risiko unbekannter und unsicherer Systemzustände

Im Gegensatz zu bekannten unsicheren Ereignissen stellt die Beherrschung aktuell unbekannter und unsicherer Systemzustände eine größere Herausforderung dar. Aufgrund der Trends der Digitalisierung und Automatisierung erfährt das Automobil aktuell eine disruptive Veränderung. Insbesondere die steigende Komplexität und Vielzahl heutiger Fahrzeugregelsysteme erschwert es massiv, mit den bisher gängigen Methoden der funktionalen Sicherheit alle existierenden Gefährdungen zu entdecken und zu beherrschen. Nicht im Systementwurf vorhergesehene Fahrszenarien, unerwartete Interdependenzen der Fahrzeugsysteme untereinander, bzw. ihr Zusammenspiel mit dem Fahrer (Mensch- Maschine-Interaktion) erhöhen zusätzlich die Anzahl potenziell unbekannter Risiken.

**Beispiel 2**

Es kommen zukünftig neuartige Sensortechnologien in den Fahrzeugen zum Einsatz. Hierbei gibt es zwei potenziell kritische Konstellationen:

- Ein Sensor *erkennt kein Objekt,* obwohl *tatsächlich ein Objekt vorhanden* ist (falsch negativ). In diesem Fall kann es zum Beispiel zu einer Kollision mit einem vor dem Fahrzeug vorhandenen Objekt kommen.
- Ein Sensor *erkennt ein Objekt,* obwohl *tatsächlich kein Objekt vorhanden* ist (falsch positiv). In diesem Fall kann es zum Beispiel zu einem ungewünschten Eingriff in die Längsführung des Fahrzeugs (Bremsintervention) mit einem Auffahrunfall des folgenden Fahrzeugs kommen.

Wie kann es zu einer solchen Fehlklassifikation der Fahrzeugumwelt kommen? Hierzu lohnt ein Blick auf die einzelnen Schritte der Sensordatenverarbeitung:

- Es ist beispielsweise möglich, dass physikalische Effekte die *Rohdaten* von Sensoren verfälschen. ISO/PAS 21448 führt hierzu das Beispiel einer eingeschränkten Erkennungsleistung eines bildgebenden Sensors durch Ablagerungen auf der Fahrbahn an.
- Es ist beispielsweise auch möglich, dass die nächsthöhere Ebene der Sensordatenverarbeitung – die Gewinnung von *Objektdaten* – durch

die Verwendung fehlerhafter Objekthypothesen zu unsicheren System-
zuständen führen. Aus fehlerhaften Objekthypothesen resultierende
unsichere Zustände müssen nicht zwingend vorab bekannt sein. So
ist beispielsweise eine für Fußgänger gültige Objekthypothese nicht
ohne weiteres auf Skateboardfahrer übertragbar (die Geschwindigkeit
des Skateboarders ist im Vergleich zu einem Fußgänger zu hoch). Ein
Skateboardfahrer wird folglich nicht als solcher erkannt. Auch wenn er
die Abmessungen eines Fußgängers hat, wird er wegen seiner höheren
Geschwindigkeit als „nicht plausibel" verworfen. In diesem Fall unterbleibt
möglicherweise eine in angemessene sicherheitsgerichtete Reaktion der
Fahrzeugautomation.

Aufgrund der Vielzahl möglicher Verkehrssituationen ist es – wenn überhaupt –
nur mit extrem hohem Aufwand möglich, vorab alle möglichen Situationen zu
testen. Daher ist es ein Ziel von SOTIF, durch gezielte Maßnahmen bereits frühzeitig ein mögliches unerwartetes/unsicheres Systemverhalten zu offenbaren.

## 3.2   Das Risiko bekannter und unsicherer Systemzustände

SOTIF soll sicherstellen, dass die Wahrscheinlichkeit eines gefährlichen Ereignisses ausreichend niedrig ist, in dem die Fahrzeugautomation einen bestimmten
Anwendungsfall nicht sicher verarbeiten kann und die beteiligten Personen nicht
in der Lage sind, das gefährliche Ereignis zu mildern. Ist ein solcher unsicherer
Anwendungsfall bekannt, kann dieser gezielt einer Gefährdungsbeherrschung
zugeführt werden. Hierbei handelt es sich um eine strukturierte Behandlung
erkannter Gefährdungen durch gezielte Systemverbesserungen, Maßnahmen zur
Einschränkung der Sollfunktion, eine gezielte Rückgabe der Verantwortung für
die Fahraufgabe an den Fahrer sowie Maßnahmen zur Beherrschung eines vernünftigerweise vorhersehbaren Fehlgebrauchs des Anwenders.

# Das SOTIF-Vorgehensmodell 4

Dieses Kapitel stellt die grundlegende Struktur des SOTIF-Prozessgebäudes dar. Anschließend werden die einzelnen Schritte des SOTIF-Vorgehensmodells erläutert. Eine Darstellung, wie SOTIF im Verhältnis zu anderen Entwurfsdisziplinen (im Wesentlichen Funktionale Sicherheit nach ISO 26262) steht, beschließt dieses Kapitel.

## 4.1 Grundlegende Struktur des SOTIF-Prozessgebäudes

Auch wenn SOTIF einen Zusammenhang mit der Funktionsentwicklung nach ISO 26262 aufweist, sollte es als eigenständige Entwurfsaufgabe aufgefasst werden. Hierbei müssen geeignete „Kontaktpunkte" zu den Nachbardisziplinen der Entwicklung sicherheitsrelevanter elektronischer Steuerungssysteme für Kraftfahrzeuge gefunden werden.

Bisher sieht ISO/PAS 21448 keinen eigenständigen Engineering prozess, wie er sich für die ISO 26262 in der Praxis bewährt hat oder auch im Standard SAE J 3061 vorgesehen ist, vor. SOTIF sieht aktuell grundlegend eine Konzeptphase vor, allerdings werden nach erfolgter SOTIF Analyse die Anforderungen direkt an die Konzeptphase der ISO gegeben, vgl. Abb. 4.1.

Der Vergleich der Prozessgebäude der ISO 26262 und des ISO/PAS 21448 zeigt auf den ersten Blick drei elementare Schwächen des aktuellen ISO/PAS 21448 auf:

© Springer Fachmedien Wiesbaden GmbH, ein Teil von Springer Nature 2020  15
L. Schnieder und R. S. Hosse, *Leitfaden Safety of the Intended Functionality*,
essentials, https://doi.org/10.1007/978-3-658-30038-8_4

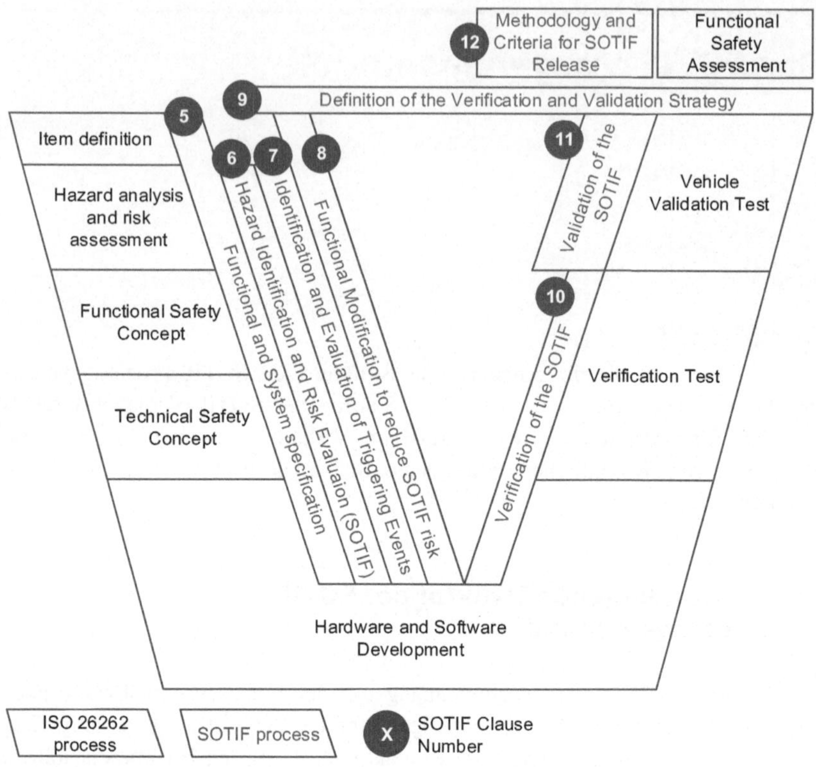


**Abb. 4.1**  Vergleich der Prozessgebäude der ISO/PAS 21448 und der ISO 26262

1. *Frühzeitige Validierung in simulierten Realitäten:* Anders als im ISO/PAS 21448 vorgeschlagen sollten bereits frühzeitig (also bereits in der Konzeptphase der Systementwicklung) Validierungsaktivitäten auf Grundlage in simulierten Realitäten ablauffähiger Modelle durchgeführt werden. Dies soll verhindern, dass bei einer erst spät in der Produktentwicklung auf Systemebene durchgeführten Validierung der gesamte Entwicklungszyklus nach ISO 26262 erneut durchlaufen werden muss.

2. *Ergänzung der Feldbeobachtung:* Die zunehmende Komplexität der Fahrzeugautomation führt bestehende Ansätze der empirischen Absicherung an ihre Grenzen. Insbesondere das Auftreten als unbekannt/unsicher klassifizierter Ereignisse kann auch nach Inverkehrbringen der Systeme nicht ausgeschlossen werden. Der

*Produktbeobachtung* der Hersteller sowiegegebenenfalls der *Marktbeobachtung* staatlicher Aufsichtsbehörden inklusive im Falle hochautomatisierter Fahrzeuge einer *unabhängigen Unfalluntersuchung* (Bundesministerium für Verkehr und digitale Infrastruktur 2017) kommt hierbei ein zunehmend größerer Stellenwert zu. Die Hersteller müssen im Falle erkannter unsicherer Zustände unmittelbare Reaktionen im Sinne einer strukturierten Bearbeitung der erkannten Produktsicherheitsmängel ergreifen. Dies wird im Licht höchstrichterlicher Rechtsprechung des Bundesgerichtshofes auch als Pflicht zur effektiven Gefährdungssteuerung bezeichnet (Klindt und Handorn 2010).

3. Bislang ist das *Management der SOTIF* im ISO/PAS 21448 nicht vorgesehen. Allerdings ist es für SOTIF sinnvoll, gezielt Methoden in der Organisation zu etablieren, welche dabei helfen, dass die Anforderungen des vom ISO/PAS 21448 geforderten „SOTIF-Engineerings" korrekt umgesetzt werden. Eine solche Managementaktivität hat sich in der Vorgehensweise zur korrekten Implementierung der Sicherheitsfunktion (ISO 26262) als zielführend herausgestellt und ist auch für die Implementierung einer „angriffssicheren" Sicherheitsfunktion vorgesehen (SAE J 3061). Ein solches Management stellt sicher, dass alle für den Nachweis von SOTIF erforderlichen Aktivitäten durchgeführt werden und in einer Form dokumentiert werden, welche einer unabhängigen Überprüfung standhält.

## 4.2   Prozessschritte nach ISO/PAS 21448 im Überblick

Das Vorgehen von SOTIF erfolgt in mehreren aufeinander aufbauenden Phasen. Diese werden nachfolgend erläutert.

*SOTIF-Konzeptphase* als Beginn der SOTIF-Aktivitäten:

- *Erstellen der Funktions- und Systemspezifikation:* Die Erstellung der Funktions- und Systemspezifikation ist Ausgangspunkt der Entwicklung von Automatisierungsfunktionen für Kraftfahrzeuge. Die Funktions- und Systemspezifikation wird als entwicklungsbegleitendes Dokument fortlaufend an neue Erkenntnisse angepasst. Wesentliche Inhalte sind die Beschreibung der Ziele der beabsichtigten Funktion, die Abhängigkeiten der Funktion zu anderen Fahrzeugfunktionen und -systemen, relevante Umweltbedingungen sowie Interaktionen im Sinne der Ausgestaltung der Mensch-Maschine-Schnittstelle.
- *Identifikation von SOTIF-Risiken:* An die Erstellung der Funktions- und Systemspezifikation schließt sich eine systematische Identifikation der aus dem Fehlverhalten der betrachteten Funktion resultierenden Gefährdungen an. Analog zur Vorgehensweise der ISO 26262 kann auch hier eine Bewertung der

erkannten Gefährdungen nach Häufigkeit (Exposure, E), Schwere (Severity, S) und Kontrollierbarkeit (Controllability, C) vorgenommen werden. Der Unterschied ist hierbei allerdings, dass für die Klassifizierung gefährlicher Ereignisse auch eine verzögerte oder ausbleibende Reaktion des Fahrers zur Kontrolle des kritischen Fahrmanövers in Betracht gezogen wird.

*SOTIF-Spezifikationsphase* im Anschluss an die zuvor dargestellte Konzeptphase:

- *Planung von Verifikation und Validierung:* Die *Verifikation* adressiert den Test der auf die Beherrschung bekannt/unsicherer Ereignisse ausgerichteten Maßnahmen. Hierfür nennt ISO/PAS 21448 verschiedene Methoden zur strukturierten Ableitung von Testfällen. Die *Validierung* hingegen adressiert den Nachweis einer Robustheit des Systems gegen unbekannt/unsichere Ereignisse. Hierbei muss ein Validierungsziel bestimmt werden. Mögliche Akzeptanzmaßstäbe sind hierbei die mindestens gleiche Sicherheit eines neuen Systems im Vergleich zu bereits bestehenden Systemen. Alternativ muss nachgewiesen werden, dass die für einen Sicherheitsgewinn erforderlichen Maßnahmen verhältnismäßig sind (Grundsatz der Zumutbarkeit).
- *Identifikation und Bewertung gefährlicher Anwendungsfälle* Das Ziel dieser Analyse ist eine Identifikation möglicher Systemschwächen. Systemschwächen sind auslösende Ereignisse, die ein nicht beabsichtigtes Systemverhalten zur Folge haben können. Auslösende Ereignisse resultieren beispielsweise aus für den Anwendungsfall nicht angemessenen Sensoren, Regelalgorithmen oder Aktoren. SOTIF betrachtet aber auch den Menschen als mögliches auslösendes Ereignis im Sinne der nicht bestimmungsgemäßen Verwendung des entwickelten System (vorhersehbarer Fehlgebrauch).
- *Identifikation von Maßnahmen zur Reduktion des SOTIF-Risikos:* Maßnahmen zur Reduktion des SOTIF-Risikos umfassen Systemverbesserungen (Sensorik, Regelalgorithmen und Aktorik), funktionale Einschränkungen der Automatisierungsfunktion, die Rückgabe der Verantwortung für die Fahraufgabe an den Fahrer sowie auf die Verringerung der Wirkungen vernünftigerweise vorhersehbaren Fehlgebrauchs ausgerichtete Maßnahmen.

*SOTIF-Nachweisphase* im Anschluss an die Spezifikationsphase mit nachfolgender Implementierung:

- *SOTIF-Verifikation:* Das System und seine Komponenten (Sensoren, Algorithmen und Aktoren) müssen verifiziert werden, um zu zeigen, dass sie sich bei bekannten/unsicheren Szenarien erwartungsgemäß verhalten und von den durchgeführten Tests ausreichend abgedeckt werden.

- *SOTIF-Validierung:* Das System und seine Komponenten werden validiert, um zu zeigen, dass sie in realen Testfällen kein unangemessenes Risiko verursachen. Hierfür wird auf der Grundlage empirisch ermittelter Unfallzahlen aktueller Fahrzeugsysteme eine geeignete kumulierte Testlänge berechnet. Auf Basis der aktuellen Verteilung der Jahresfahrleistung auf bestimmte Fahrszenarien wird eine angemessene (also eine realistische und repräsentative) Verteilung der kumulierten Testlänge auf verschiedene Testszenarien (beispielsweise eine Fahrt auf der Autobahn, eine Fahrt bei Dunkelheit, eine Fahrt bei Regen) bestimmt.
- *SOTIF-Freigabe:* Es muss vor einer Freigabe des entwickelten Systems gezeigt werden, dass eine ausreichende Verifikation und Validierung durchgeführt worden ist und mögliche Restrisiken akzeptiert werden können.

Nach der Freigabe werden strukturiert Felddaten erfasst. Auf dieser Grundlage müssen etwaige Abweichungen vom spezifizierten Sollverhalten offenbart und bewertet werden. Möglicherweise sind kurzfristige Korrekturen an den Fahrzeugen im Feld erforderlich. Dies ist Ausdruck der Wahrnehmung der Rechtspflicht der effektiven Gefahrsteuerung durch die Fahrzeughersteller.

## 4.3  Relationen zu Nachbardisziplinen

Wie in Abb. 4.1 deutlich wird, weist SOTIF Bezugspunkte insbesondere zur Konzeptphase und der Sicherheitsvalidierung der ISO 26262 auf. Die Ergebnisse der SOTIF-Konzeptphase fließen in die Definition des Betrachtungsgegenstands (sogenanntes Item gemäß ISO 26262) ein. Die im vorläufigen Ergebnis des SOTIF-Prozesses skizzierte Ausprägung der Sicherheitsfunktion wird dann durch Befolgen der ISO 26262 „funktional sicher" umgesetzt.

Ein Ansatz zur Strukturierung zu den anliegenden Nachbardisziplinen der funktionalen Sicherheit und der Cybersecurity, ist in Abb. 4.2 dargestellt. Während jede Disziplin jeweils auf der Betrachtungsebene des Gesamtfahrzeugs eine Analyse des unerwünschten Verhaltens durchführt, werden hieraus Anforderungen auf der Betrachtungsebene des Gesamtfahrzeugs an das jeweilige Item definiert. Die ISO 26262 sieht hier beispielsweise die Sicherheitsziele (Safety Goals) des Items vor. Daraufhin werden ebenfalls auf der Betrachtungsebene des Gesamtfahrzeugs funktionale Anforderungen an das Item gestellt. Diese funktionalen Anforderungen an das Item werden auf der Betrachtungsebene der Komponente in Form technischer Anforderungen spezifiziert. Aus den technischen Anforderungen heraus erfolgt dann die Zuweisung der Anforderungen an die Hard- und Softwareentwicklung des relevanten Betrachtungsgegenstands.

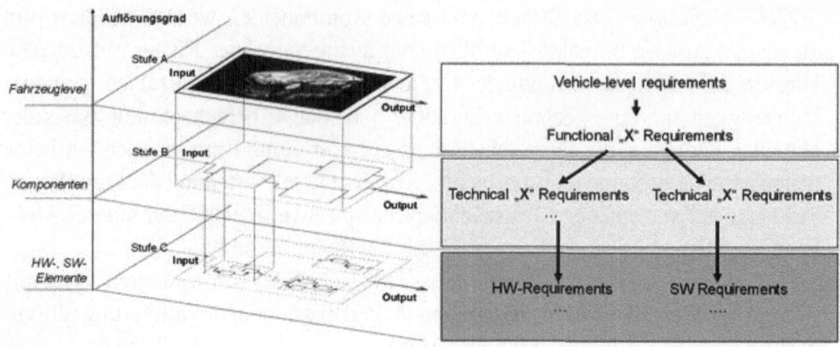


**Abb. 4.2** Relationen zu den Nachbardisziplinen der funktionalen Sicherheit und Cyber-security

Das in Abb. 4.2 dargestellte „X" als Platzhalter in der Anforderungs-hierarchie kann jeweils durch die Begriffe „Safety", „Security" und „SOTIF" ersetzt werden. Daher wird ein System ein „Functional Safety Concept", wie ein „Functional Security Concept" und ein „SOTIF Concept" aufweisen.

Es liegt jeweils in der Verantwortung der Hersteller, die Entwicklungsprozesse entsprechend so konkret auszugestalten, dass ein Management der Anforderungen aus den drei Fachdisziplinen ermöglicht wird und das entwickelte System in der Lage ist jeweils ein dediziertes Konzept für Safety, Security und SOTIF abzu-bilden.

# Fallstudie zur Gestaltung von SOTIF 5

Die Gestaltung von SOTIF wird im Folgenden mit einem Beispiel verdeutlicht. Hierbei wird im Sinne einer retrospektiven Betrachtung auf einen veröffentlichten Bericht einer unabhängigen Unfalluntersuchung eines Unfalls eines Fahrzeugs mit automatisierten Fahrfunktionen Bezug genommen. Für eine Darstellung des Unfallhergangs wird auf das in Kap. 1 vorgestellte Beispiel des Unfalls des Tesla Model S aus dem Jahr 2016 verwiesen.

Ziel von SOTIF ist eine prospektive Systemanalyse und anschließende sicherheitsgerichtete Gestaltung von Faherassistenz und Fahrzeugautomation. Die Ergebnisse der Unfalluntersuchung und die darin aufgeführten konkreten Gestaltungsempfehlungen sind gut geeignet, ein Verständnis für die konkrete Umsetzung von SOTIF zu bieten.

## 5.1 SOTIF Konzeptphase

In der Konzeptphase erfolgt ausgehend von einer Beschreibung der Funktion der Fahrzeugautomation die methodische Ableitung von Gefährdungen und Risiken. Dies ist die Ausgangsbasis für die nachfolgende Systemimplementierung.

**Beispiel 3**

Bei dem Beispiel des Tesla Model S Unfalls, handelte es sich um ein fahrerunterstützendes (Level 2) Automatisierungssystem. (Gasser et al. 2012) Dem Fahrer obliegt nach wie vor die Sicherheitsverantwortung:

- Der Fahrer nimmt einerseits Informationen der Fahrzeugumgebung *unmittelbar* durch seine eigene sinnliche Wahrnehmung auf. Andererseits

© Springer Fachmedien Wiesbaden GmbH, ein Teil von Springer Nature 2020     21
L. Schnieder und R. S. Hosse, *Leitfaden Safety of the Intended Functionality*,
essentials, https://doi.org/10.1007/978-3-658-30038-8_5

erhält er zusätzlich *mittelbar* Informationen über die Anzeigefunktionen der Fahrzeugautomation.

- Der Fahrer nimmt auf Grundlage dieser Informationen *mittelbar* auf die Quer- und Längsführung des Fahrzeugs wirkende Bedienhandlungen vor. Diese werden durch die Automationskomponenten des Fahrzeugs in die konkrete (d. h. *unmittelbare*) Steuerung der Aktuatoren wie Lenkung und Bremse übersetzt.

Dieses generische Wirkschema, dargestellt in der folgenden Abbildung, verdeutlicht bereits, welche Gefährdungen zu einem Versagen der Sollfunktion beitragen können (Sensorik, Regelalgorithmen, Aktorik, vorhersehbares Fehlverhalten des Fahrers). Auf der Betrachtungsebene des Gesamtfahrzeugs ergeben sich grundlegend zwei Gefährdungen:

- Der Autopilot führt ein unsicheres Fahrmanöver aus.
- Der Fahrer korrigiert das Fehlverhalten des Autopiloten nicht.

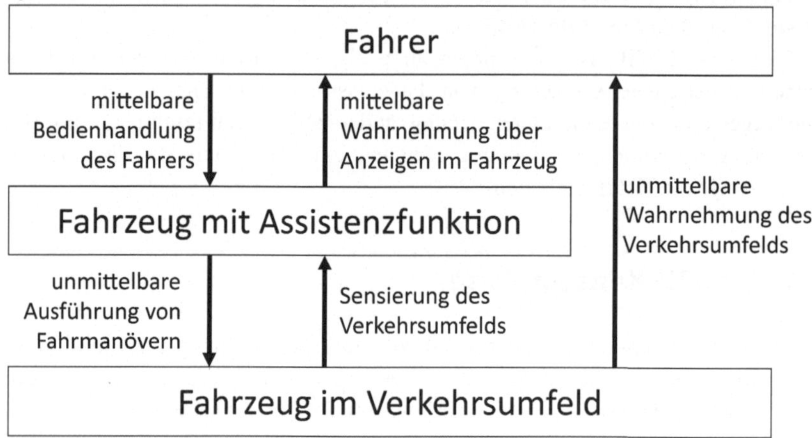


Generisches Wirkschema der Mensch-Maschine-Interaktion einer Fahrzeugautomation im Level 2

### 5.1.1   Funktions- und Systembeschreibung

Die Funktions- und Systembeschreibung ist der Ausgangspunkt der Konzeption einer Automatisierungsfunktion. Sie wird entwicklungsbegleitend fortlaufend an vorliegende neue Erkenntnisse angepasst. Sie beschreibt neben dem im Regelbetrieb angestrebtem Verhalten der Fahrzeugautomation insbesondere bestehende Grenzen der Funktionalität. Besondere Bedeutung erhält die Betrachtung von Störungen, d. h. das Systemverhalten bei erkannten Einschränkungen (sogenannte Degradation) und damit korrespondierende Warnhinweise oder Übernahmeaufforderungen an den Fahrer.

### Beispiel 4

Die Funktionsbeschreibung nach SOTIF kann in der üblichen Art und Weise erfolgen, wie es bereits die Item Definition gemäß ISO 26262 vorsieht. Hierbei spielt insbesondere der Anwendungsfall des Systems eine große Rolle, da genau bekannt sein muss, unter welchen Bedingungen das System angewendet werden soll.

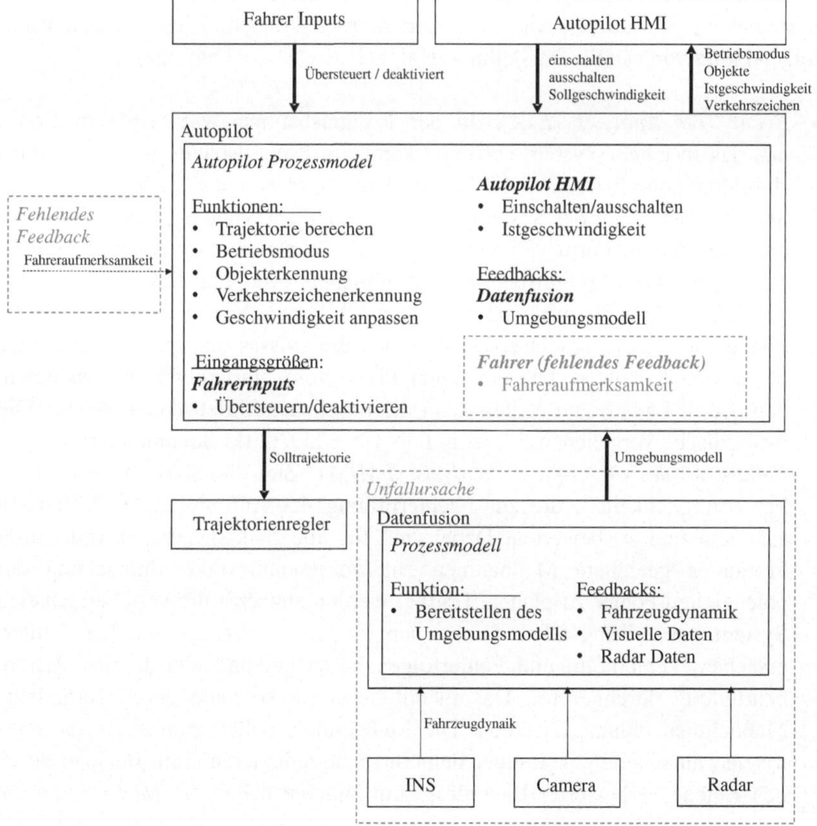


Funktionsbeschreibung des Tesla Autopiloten

Die Abbildung ist eine grafische Beschreibung der Sollfunktion des Autopiloten in Form einer Regelungsstruktur mit den beteiligten Komponenten und den In- und Outputs, sowie den Prozessen im Autopiloten. Der Autopilot hat dabei Zugriff auf die Sensoren INS (Inertialsensor), Kamera und Radar.

## 5.1.2  Hazard Analysis and Risk Assessment

ISO/PAS 21448 nennt eine Reihe von möglichen Methoden zur Gefährdungsanalyse. Mit diesen Methoden können Gefährdungen im Sinne der Sollfunktionssicherheit systematisch identifiziert werden. Grundsätzlich können verschiedene Methoden angewendet werden, mit denen unbekannt unsichere Ereignisse auf Systemebene identifiziert und analysiert werden können. Diese werden nachfolgend kurz vorgestellt (Darstellung in alphabetischer Reihenfolge):

- *Event Tree Analysis (ETA):* In der Ereignisbaumanalyse wird ein Ereignis, das in einem System auftreten kann, im Ereignisbaum als Startereignis (Initialereignis) betrachtet. Im Ereignisbaum werden dann die Wirkungen des Startereignisses auf das System (die Reaktionen der System-Komponenten auf das Ereignis) in Form von Verzweigungen (Funktion oder Ausfall) grafisch dargestellt. Der Ereignisbaum wird üblicherweise von links nach rechts gezeichnet, jeweils mit Abzweigungen für zwei Alternativen. Ein oberer Zweig für das erfolgreiche Verhalten des Ereignisses und ein unterer Zweig für dessen Scheitern. Die einzelnen Pfade vom Startereignis bis zu einem definierten Endzustand stellen dann die möglichen Unfallsequenzen dar. Die methodische Vorgehensweise ist in DIN EN 62502:2011 dokumentiert.
- *Failure Modes and Effects Analysis (FMEA):* Ziel dieses Verfahrens ist es, Fehlermöglichkeiten, die zur Nichterfüllung der Anforderungen führen, zu sammeln und zu bewerten. Dabei sind für alle risikobehafteten Teile eines Produktes geeignete Maßnahmen zur Vermeidung oder Entdeckung der potenziellen Fehler zu planen. Hierbei werden zunächst die vom betrachteten System zu erbringenden Funktionen definiert. Hieraus werden Fehlerursachen, Fehlerarten und Fehlerfolgen betrachtet und hierfür eine Risikobeurteilung durchgeführt. Das identifizierte Risiko kann durch zusätzliche Maßnahmen reduziert werden. Die Maßnahmen sollen zum einen die Auftretenswahrscheinlichkeit einer Fehlerursache reduzieren (zum Beispiel durch den Einbau verbesserter Bauteile). Zum anderen sollen die Maßnahmen die

Entdeckungswahrscheinlichkeit für eine potenzielle Fehlerursache erhöhen, indem beispielsweise zusätzliche Prüfungen vorgesehen werden. Die FMEA kann in einem iterativen Prozess der sukzessiven Risikoreduktion verfeinert werden, bei dem vereinbarte Vermeidungs- und Entdeckungsmaßnahmen am Ende hinsichtlich ihres Restrisikos bewertet werden. Die methodische Vorgehensweise ist in IEC 60812:2018 dokumentiert.

- *Fault Tree Analysis:* Im Rahmen der Fehlerbaumanalyse werden die logischen Verknüpfungen von Teilsystemausfällen ermittelt, welche zu einem Gesamtsystemausfall führen. Komponenten, die sich wechselseitig in der Funktion ersetzen können (Redundanz), werden durch eine „UND"-Verknüpfung modelliert. Hier müssen beide Komponenten gleichzeitig ausfallen, um zu einem Gesamtsystemausfall zu führen. Komponenten, welche sich nicht wechselseitig in ihrer Funktion ersetzen können, werden durch eine „ODER"-Verknüpfung modelliert. In diesem Fall führt bereits der Ausfall einer Komponente zu einem Ausfall des gesamten Systems. Die Fehlerbaumanalyse erlaubt einen qualitativen Vergleich verschiedener Systemarchitekturen und legt Kausalzusammenhänge möglicher zu Unfällen beitragender Ursachen offen. Die mittels qualitativer Fehlerbaumanalyse identifizierten Schwachstellen münden in eine Systemverbesserung. Die methodische Vorgehensweise ist in DIN 25424-1:1980 dokumentiert.

- *Hazard and Operability Studies (HAZOP):* Ziel dieses Verfahrens ist eine systematische Gefährdungsidentifikation. Hierbei wird zunächst betrachtet, welche Parameter oder Eigenschaften ein System gewährleisten muss. Für eine Lenkunterstützung ist dies beispielsweise ein Drehmoment am Lenkrad. Mit Hilfe von Leitworten wird dann in einem nächsten Schritt betrachtet, in welcher Art und Weise die Parameter oder Eigenschaften des Systems vom Sollwert abweichen können. Hierfür kommen Leitworte (beispielsweise „zu wenig" oder „zu viel") zum Einsatz. Es ergibt sich also eine mögliche Abweichung vom Sollverhalten, da gegebenenfalls die Lenkunterstützung zu stark ausfällt (oder im Umkehrschluss die Momentenunterstützung zu gering ist). Basierend hierauf können die Ursachen und Folgen dieser Abweichung bewertet und Maßnahmen zur Risikobeherrschung abgeleitet werden. Die methodische Vorgehensweise ist in der IEC 61882:2016 dokumentiert.

- *Systems-theoretic accident model and processes (STAMP):* STAMP ist eine von der US-amerikanischen Sicherheitsforscherin Nancy Leveson entwickelte modellbasierte Gefährdungsanalysemethode, welche ein sicherheitsrelevantes System mittels eines semi-formalen Modells (den sogenannten Safety Control Structures) strukturiert analysiert (Leveson 2011). STAMP ist ein prospektiver

Ansatz der Systemanalyse, der auf die bewusste sicherheitsgerichtete Gestaltung technischer Systeme zielt. In den folgenden Ausführungen dieses Kapitels wird auf die Methode und die Beschreibungsmittel von STAMP zurückgegriffen. Die systematische Betrachtung kybernetischer Wirkprinzipien (Regelkreise) offenbart mögliche Schwachpunkte im Entwurf technischer Systeme. Die Stärke von STAMP liegt darin, das System Fahrer- Fahrzeug-Fahrumgebung als soziotechnisches System zu erfassen (Hosse et al. 2012).

STAMP ist ein Modellkonzept der Risikogenese, STPA (Systems-theoretic Process Analysis) seine Anwendung als Gefährdungsanalysemethode auf ein reales System. Diese Methodik kann während einer Systementwicklung angewendet werden. STAMP nutzt die sogenannten Sicherheitskontrollstrukturen eines Systems, um Regelkreise zu analysieren, die sicherheitskritischen Betriebsprozesse eines Systems zu erkennen und mangelhafte Kontrollstrukturen aufzudecken. STPA ist eine Top-Down-Analyse, die sukzessive verfeinert wird und so zu einem vertieften Systemverständnis führt. Generell kann gezeigt werden, dass STPA deutlich mehr Gefährdungen in einem System erkennt wie beispielsweise die induktive Analysemethode FMEA (Failure Modes and Effects Analysis) oder die deduktive Analysemethode FTA (Fault Tree Analysis).

Eine andere Methode, die von STAMP bereitgestellt wird, ist CAST (Causal analysis based on STAMP). Hierbei handelt es sich um einen retrospektiven Ansatz. Die Idee hierbei ist, dass aus Unfallanalysen ebenfalls ein vertieftes Verständnis fehlerhaft realisierter Schutzfunktionen resultiert. Dieser Ansatz hat im SOTIF-Ansatz auch regulär eine Relevanz. Kommt es beispielsweise im Zuge der Validierung zu einem „unreasonable risk" durch ein unvorhersehbares Systemverhalten, leistet CAST einen Beitrag zur Erklärung dieser Testabweichung und leitet zu einer Identifikation geeigneter SOTIF-Maßnahmen über.

---

**Beispiel 5**

Die Gefährdungen auf System-Level sind bereits definiert worden, siehe

Abschn. 5.1. Folgend muss die Safety Control Structure („Sicherheitsregelstruktur") definiert werden. Für das System des Model S, sieht diese wie folgt aus:

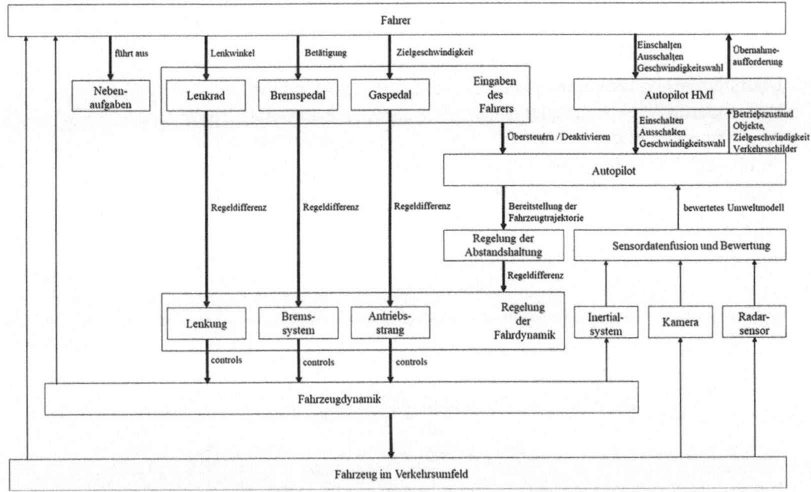


## Safety Control Structure des Autopiloten

Die Rechtecke bilden hierbei die Regler (beispielsweise Fahrer, Autopilot), Aktuatoren (beispielsweise Bremspedal, Gaspedal und Lenkung), Sensoren (beispielsweise Kamera, Radar und Inertialsensor) und sicherheitsrelevanten Prozesse (beispielsweise Fahrzeug in seinem Verkehrsumfeld) ab. Die Pfeile deuten dabei den Fluss der Informationen/Energie zwischen den jeweiligen Systemelementen an.

Man kann anhand der Abbildung sehen, dass im Rahmen der STPA der Fahrer als integraler Teil des Systems in der Gefährdungs- und Risikoanalyse mit modelliert und analysiert wird. Daher wird auch der vorhersehbare Fehlgebrauch der Assistenz bereits in der Konzeptphase mitberücksichtigt.

Nachdem die Sicherheitsregelstruktur des Fahrers erstellt ist, kann die Bestimmung der unsicheren Regelungsaktionen (Unsafe Control Actions, UCA) erfolgen. Für das oben dargestellte Beispiel ergeben sich folgende ausgewählte unsicheren Regelungsaktionen:

| Regelungs-aktion | erforderliche Handlung nicht aus-geführt | unsichere Handlung aus-geführt | Handlung zur falschen Zeit ausgeführt | Handlung zu früh beendet/Hand-lung zu lange ausgeführt |
|---|---|---|---|---|
| Übersteuern/ Deaktivieren des Systems durch den Fahrer | Eingaben des Fahrers über-steuern den Autopiloten nicht | | Eingaben des Fahrers deaktivieren den Auto-piloten zu spät | |
| Einschalten des Systems | | Autopilot ist ungewollt aktiviert | | |
| Bereitstellen des System-zustands | Autopilot stellt den Betriebs-zustand nicht bereit | Autopilot sendet Betriebs-zustand auch wen aus-geschaltet | | |
| Bereitstellen des bewerteten Umgebungs-modells | Umgebungs-modell nicht bereitgestellt (aktualisiert) | Umgebungs-modell bereitgestellt, obwohl nicht gefordert | Umgebungs-modell zu spät bereitgestellt | (gleiches) Umgebungs-modell zu lange bereitgestellt |

Um die unsicheren Regelungsaktionen zu identifizieren, werden die Regelungsaktionen mittels einer Leitwortmethode der Fehlerfälle der Regelungsaktion (hier: erforderliche Handlung nicht ausgeführt oder unsichere Handlung ausgeführt, etc.) durchdekliniert. Anschließend wird die Kombinatorik der Regelungsaktionen dahin gehend bewertet, ob eine der beschriebenen Fehlerfälle zu einem potenziell gefährlichen Zustand führt. Somit ergeben sich die Regelungsaktionen. Die Umkehrung der Regelungs-aktionen ergeben daraufhin die SOTIF-Anforderungen zur Einhaltung der Sicherheit der Sollfunktion.

Im benannten Beispiel ist neben der Sicherheitsregelstruktur des Auto-piloten, ist ebenso die Sicherheitsregelstruktur des Fahrers zu analysieren, da aufgrund der Automation im Level 2 der Fahrer ebenfalls als Regler im System agiert und eine Sicherheitsverantwortung wahrnimmt:

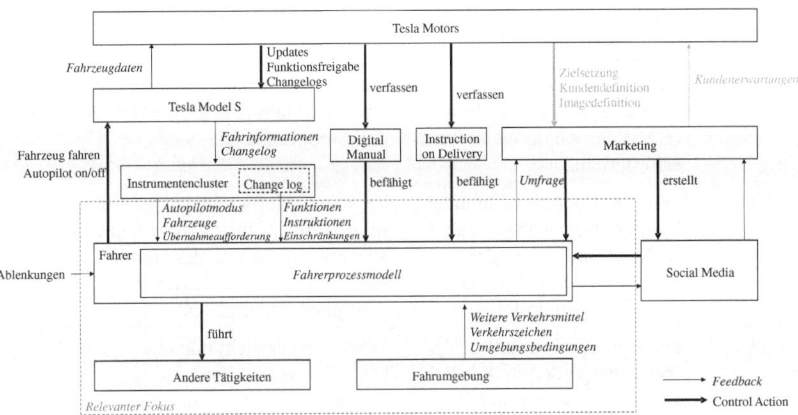


## Sicherheitsregelstruktur des Fahrers

Neben dem Fahrzeug ist nun auch der Einfluss aus der weiteren Umgebung des Fahrers dargestellt: Fahrer lernen oftmals aufgrund sozialer Effekte ein bestimmtes Verkehrsverhalten. Dies wird durch den Effekt des „Social Learnings" beschrieben und kann als Element in der Regelungsstruktur integriert werden. Die STPA liefert als Ergebnis, dass der Fahrer folgende unsicheren Regelungsaktionen ausführen kann (ausgewählt):

| Regelungs-aktion | erforderliche Handlung nicht ausgeführt | unsichere Handlung aus-geführt | Handlung zur falschen Zeit ausgeführt | Handlung zu früh beendet/Hand-lung zu lange ausgeführt |
|---|---|---|---|---|
| Lenken | Fahrer lenkt Tesla nicht, wenn erforder-lich | | Lenkeingriff des Fahrers erfolgt zu spät | |
| Einschalten | | Fahrer schaltet Autopilot ein, obwohl nicht zulässig | | |

Während der hier durchgeführten Analyse des Tesla Model S Unfalls, konnten einige unsicheren Regelungsaktionen identifiziert werden, welche nicht ein-gehalten wurden. Diese sind in folgender Tabelle aufgelistet:

| No. | unsichere Regelungsaktion | Sicherheitsanforderung |
|---|---|---|
| UCA 1 | Der Autopilot übergibt nicht korrekte Objekte an das Human Machine Interface (HMI) des Autopiloten, wenn erforderlich. | Wenn erforderlich, muss der Autopilot korrekte Objekte an das Human Machine Interface (HMI) des Autopiloten übergeben. |
| UCA 2 | Der Autopilot übergibt nicht korrekte Informationen über Verkehrsschilder an das Human Machine Interface (HMI) des Autopiloten. | Wenn erforderlich, muss der Autopilot korrekte Informationen über Verkehrsschilder an das Human Machine Interface (HMI) des Autopiloten übergeben. |
| UCA 3 | Die Datenfusion und -bewertung übergibt kein korrektes Umweltmodell an den Autopiloten wenn erforderlich. | Wenn erforderlich, müssen Datenfusion und -bewertung ein korrektes Umweltmodell an den Autopiloten übergeben. |
| UCA 4 | Der Fahrer bremst das Fahrzeug nicht, wenn erforderlich. | Wenn erforderlich, muss der Fahrer das Fahrzeug bremsen. |
| UCA 5 | Der Fahrer führt unzulässigerweise Nebenaufgaben aus. | Der Fahrer darf während der Fahrt keine Nebenaufgaben ausführen. |

Der Unfallbericht hat gezeigt, dass die primäre Unfallursache zwar in der fehlenden Reaktion des Fahrers gesehen wird. Allerdings zeigt sich auch, dass der Autopilot nicht in der Lage war, die korrekte Hypothese bei der Objekterkennung auszuführen bzw. den Fahrer ausreichend im Fahrprozess (beispielsweise durch Feststellung der Lenkradbewegung) zu halten.

Nachdem potenzielle fehlende Systemfunktionen identifiziert worden sind, welche zu einem unsicheren Systemverhalten führen können, kann die SOTIF-Implementierung erfolgen.

## 5.2    SOTIF Implementierungsphase

Im Folgenden werden vier unterschiedliche Maßnahmen vorgestellt, mit denen erkannte Fehler beherrscht werden können. Diese Maßnahmen stellen in Summe sicher, dass das SOTIF-Risiko auf ein akzeptiertes Maß gesenkt werden kann. In der Regel müssen mehrere Maßnahmen miteinander kombiniert werden, um den gewünschten sicherheitsgerichteten Effekt zu erzielen.

## 5.2.1   Maßnahmen der Systemverbesserungen

Komplexe Systeme der Fahrzeugautomatisierung sind gekennzeichnet durch die Verarbeitungskette der Erfassung, Verarbeitung und des Eingriffs in die Fahraufgabe. Dies ist nachfolgend in der Struktur eines Regelkreises schematisch dargestellt. Jedes dieser Wirkglieder bietet die Möglichkeit zu einer gezielten Verbesserung der Sollfunktion:

**Beispiel 6**

Einer von mehreren möglichen Ansatzpunkten zur Systemverbesserung im Regelkreis ist die Sensorik (Messglied). Das Beispiel des Untersuchungsberichts (NTSB 2017) nennt die Vernetzung von Fahrzeugen im Sinne einer kooperativen Assistenz als einen Ansatzpunkt zur Systemverbesserung. V2V-Systeme (V2V, Vehicle-to-vehicle) übertragen Warnungen und sicherheitsbezogene Informationen zwischen Fahrzeugen. Sind alle Fahrzeuge mit diesen Systemen ausgestattet, resultiert dies in einer verbesserten Umfeldwahrnehmung der Fahrzeuge. Es wird eine neue Datenquelle mit zuverlässigen und genauen Daten erschlossen, sodass Kollisionsrisiken, die sich außerhalb der Reichweite der Eigensensorik der Fahrzeuge befinden erkannt werden können. Werden diese Daten mit vorhandenen Daten des Fahrzeugs fusioniert kann dies zu einer deutlichen Verbesserung aktiver Sicherheitsfunktionen führen.

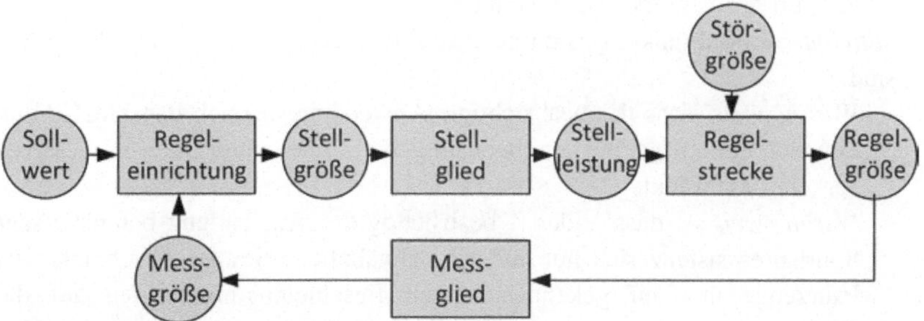


Regelkreiskonzept

## 5.2.2  Maßnahmen der Einschränkung der Sollfunktion

Aus einer fehlerhaften Ausführung der Sollfunktion resultierende Gefährdungen können durch eine funktionale Einschränkung der Sollfunktion vermieden oder in ihrer Auswirkung verringert werden. Beispielsweise wird bei Assistenzsystemen kontinuierlich eine Fahraufgabe automatisiert. Der Fahrer führt dabei entweder die Längs- oder Querführung des Fahrzeugs selbst aus, während die jeweils andere Fahraufgabe in Grenzen automatisiert wird. Hierbei ist wichtig zu verstehen, dass hier selbst die automatisierte Fahraufgabe nur eingeschränkt durch das Fahrerassistenzsystem ausgeführt wird („in Grenzen"). Die Systemgrenzen können anhand von Beispielen im Unfallbericht (NTSB 2017) verdeutlicht werden. Es werden hierbei verschiedene Einschränkungen unterschieden:

- *unmittelbare* (technisch erzwungene) Einschränkungen. Beispiele hierfür sind:
  - Abhängigkeit der konkreten Warnung des TACC (traffic aware adaptive cruise control) in Abhängigkeit des gesetzten Maximalwerts der Beschleunigung
  - Begrenzung der Maximalgeschwindigkeit in Abhängigkeit der erkannten zulässigen Geschwindigkeit für die aktuelle Straßenkategorie
  - Bewertung der Aufmerksamkeitszuwendung des Fahrers zur Fahraufgabe mit entsprechender sicherheitsgerichteter Reaktion im Falle einer erkannten Ablenkung des Fahrers.
  - Die automatische Quer- und Längsführung ist nur dann aktiv, wenn der Sitzgurt des Fahrers geschlossen ist.
- *mittelbare* Einschränkungen durch Instruktion des Fahrers. Beispiele hierfür sind:
  - *Warnhinweis,* dass der beabsichtigte Anwendungsbereich der TACC-Funktion sich nur auf gerade, autobahnähnliche Straßen ohne Quer- und Gegenverkehr beschränkt.
  - *Warnhinweis,* dass der beabsichtigte Anwendungsbereich der Spurhalteassistenz sich nur auf autobahnähnliche Straßen beschränkt, wo Fahrzeuge nur auf gekennzeichneten Beschleunigungsstreifen auf die Straße gelangen können und diese nur über klar gekennzeichnete Verzögerungsstreifen verlassen können.
  - *Warnhinweis,* dass die Verwendung der Assistenzfunktion die aufmerksame Beobachtung der Verkehrssituation und des Systemzustands der Automatisierungsfunktion nicht ersetzt und die Hände daher stets am Lenkrad zu halten sind.

### 5.2.3  Maßnahmen der Rückgabe der Verantwortung für die Fahraufgabe an den Fahrer

Fahrerassistenzsysteme bis hin zur Hochautomatisierung teilen die Wahrnehmung der Fahraufgabe zwischen Mensch und Maschine auf. Ziel der Gestaltung der Fahrzeugautomation ist es, den Menschen von unangenehmen oder überfordernden Aufgaben zu entlasten. Hochautomatisierte Fahrzeuge müssen die eigenen Systemgrenzen erkennen und den Fahrer bei Bedarf „mit ausreichender Zeitreserve" zur Übernahme der Fahraufgabe auffordern. Für eine sichere und als komfortabel empfundene Übergabe muss das Fahrzeug im Falle einer nicht zu bewältigenden Situation also für eine gewisse Zeitspanne die Übernahme der Längs- und Querführung garantieren, bevor der Fahrer die Fahraufgabe wieder übernehmen kann. Folgende Parameter beeinflussen hierbei den noch zu bestimmenden Wert einer optimalen Übernahmezeit (Cacilo et al. 2015).

- Geschwindigkeit des hochautomatisierten Fahrzeugs
- Performance/Sichtweite der Sensoren
- Redundanzstrategien bei Systemausfall
- Systemgrenzen und Geschwindigkeit deren Auftretens
- Latenzzeit des Fahrers (mit/ohne Ablenkung durch fahrfremde Tätigkeiten)
- Verhaltenspsychologische und juristische Einschätzung der „Zumutbarkeit" der Verantwortungsübernahme in Notsituationen
- mögliche Notfallmanöver im Falle einer ausbleibenden Übernahme

---

**Beispiel 7**

Bei dem verunfallten Fahrzeug war vorgesehen, dass für den Fall, dass die gültige erlaubte Geschwindigkeit auf dem Streckenabschnitt nicht erkannt werden kann, als Rückfallebene eine Maximalgeschwindigkeit des ACC (Adaptive Cruise Control) von 45 Meilen pro Stunde gesetzt wird. In diesem Fall wird die Verantwortung für eine Beschleunigung über diesen Schwellenwert an den Fahrer zurückgegeben. Nimmt der Fahrer den Fuß vom Gaspedal, bremst das System das Fahrzeug auf den Schwellwert von 45 Meilen pro Stunde.

### 5.2.4  Maßnahmen zur Beherrschung des vernünftigerweise vorhersehbaren Fehlgebrauchs

Die *bestimmungsgemäße Verwendung* eines Produktes ergibt sich aus seiner Funktion heraus. Die Anwendung eines Produkts in einer Weise, die nicht vom

Fahrzeughersteller beabsichtigt ist, die sich jedoch aus vorhersehbarem menschlichen Verhalten ergeben kann, wird demgegenüber als *vorhersehbarer Fehlgebrauch* bezeichnet. Die Gründe für vorhersehbaren Fehlgebrauch lassen sich anhand der drei grundlegenden Prozesse menschlicher Informationsverarbeitung differenzieren:

- *Wahrnehmung:* Beispielsweise versteht der Fahrer das System aufgrund einer komplizierten Nutzerführung nicht. Der Fahrer kann das System daher nicht bedienen. Auch kann der Fahrer möglicherweise die für ihn in einem Fahrmanöver relevante Information wegen einer „Informationsüberflutung" nicht erkennen.
- *Bewertung:* Als Konsequenz zuvor genannter fehlerhafter Wahrnehmungen trifft der Fahrer möglicherweise im betreffenden Fahrmanöver eine falsche Entscheidung.
- *Handlung:* Die Handlung des Fahrers kann scheitern, weil er möglicherweise wegen mangelhafter Konzentration einen Fehler begeht. Ein Fahrer kann auch bewusst Verkehrs- oder Verhaltensregeln ignorieren. Außerdem ist das System möglicherweise so schwer zu bedienen, dass ihm eine korrekte Handlungsausführung unmöglich ist.

---

**Beispiel 8**

Bei dem verunfallten Fahrzeug lag bereits auf der Ebene der Wahrnehmung ein Fehler des Fahrers vor. Dem Fahrer fehlte das Verständnis für die Einschränkungen der Fahrzeugautomatisierung. Er wusste nicht um die bestehenden Grenzen der Schutzfunktion. Dies führte in der Folge zu einer fehlerbehafteten Bewertung („Überschätzung der Automatisierung"). Der Fahrer verließ sich auf die Automatisierung, bzw. überschätzte diese in ihrer Wirksamkeit.

Dies wiederum führte zu einer Fehlhandlung, indem er das Verkehrsumfeld nicht beachtete. Diese menschliche Fehlhandlung führte – begünstigt durch die unzureichende Erkennung der Abwendung der Aufmerksamkeit des Fahrers von der Fahraufgabe – zu dem Unfall.

Für die Vermeidung des vorhersehbaren Fehlgebrauchs kommt der Gestaltung der Mensch-Maschine-Schnittstelle (MMS) eine große Bedeutung zu. Durch die MMS kann zudem der bestimmungsgemäße Gebrauch von Fahrerassistenzsystemen (ADAS, advanced driver assistance systems) überprüft und Missbrauch vorgebeugt werden. Hierbei müssen Informationen – beispielsweise bezüglich des Fahrerzustands – erfasst werden. Gleichzeitig ist eine bewusste Gestaltung der Informationsausgabe erforderlich. Eine gezielte Warnung des Fahrers und eine präzise Steuerung seiner Aufmerksamkeit ein wichtiger Faktor zur Erhöhung der Sicherheit automatisierter Fahrzeuge.

Soweit ein Automatisierungssystem einen Automatisierungsgrad bis Level 2 erreicht, wirkt der Fahrer nach wie vor als Sicherheitsbarriere. Im Falle eines unerwarteten Funktionsausfalls des technischen Systems ist es die Aufgabe des Fahrers, den Funktionsausfall zu beherrschen und die Fahrzeugführung wieder zu übernehmen. Im Sinne der ISO 26262 wäre nun diese Art der Sicherheitsfunktion ebenfalls nach den Gesetzmäßigkeiten der ASIL-Einstufung auszulegen. Soweit also ein Funktionsausfall zu einem tödlichen Unfall führt, muss die Sicherheitsfunktion gemäß der Sicherheitsintegritätsstufe ASIL D realisiert werden. Dies hat wiederum Auswirkungen auf die Überwachung dieser Sicherheitsfunktion – hier den Fahrer. Um nun aber den Missbrauch teilautomatisierter Systeme zu unterbinden (bei denen der Fahrer nicht die notwendige Sicherheitsfunktion übernimmt), wird beispielsweise in einigen aktuellen Serienfahrzeugen sensorisch festgestellt, ob der Fahrer seine Hände am Lenkrad hält. Hieraus wird auf den bestimmungsgemäßen Gebrauch des Systems geschlossen (sog. Hands-off-Erkennung). Registriert das System die Hände des Fahrers am Lenkrad, so geht es davon aus, dass dieser in der Lage ist, die Fahrsituation angemessen zu überwachen. Andernfalls werden gezielt optische, akustische oder haptische Warnungen vorgesehen.

## 5.3   Verifikation und Validierung von SOTIF-Anforderungen

Der Nachweis, dass das zu entwickelnde System seine beabsichtigte Sollfunktion erfüllt, basiert – wie bei der Funktionalen Sicherheit auch – auf den grundlegenden Konzepten der *Verifikation* und *Validierung*. Im Kontext von SOTIF wird hierunter Folgendes verstanden:

- *Verifikation:* Nachweis, dass die spezifizierte Sollfunktion korrekt umgesetzt wurde. Hierbei wird beispielsweise im Sinne anforderungsbasierter Tests nachgewiesen, dass das System gemäß der Spezifikation realisiert wurde. Dies setzt jedoch eine vollständige und korrekte Systemspezifikation voraus. Die Verifikation zielt darauf ab zu zeigen, dass das entwickelte System bekannte/unsichere Ereignisse beherrscht.

**Beispiel 9**

Im konkret diskutierten Beispiel hätte eine Verifikation der Anforderungen beispielsweise mit einem Testfall erfolgen können, welcher die Reaktionszeit des Fahrers bei aktueller Systemauslegung in unterschiedlichen Fahrmanövern testet. In diesem Fall wäre sicherlich nicht der konkrete Fall, der zu dem Unfall geführt hat, aufgedeckt worden. Allerdings hätte die Zeitspanne zwischen Detektion der Fahrerablenkung und Rückmeldung des Systems zur Übernahme der Lenkung in einem kürzeren Zeitraum erfolgen können.

- *Validierung:* Untersuchung des zu betrachtenden Systems dahingehend, dass es für den beabsichtigten Einsatzzweck geeignet ist. Hierbei wird die entwickelte Komponente der Fahrzeugautomation bewusst einer Vielzahl von Fahrszenarien mit vielen variierten Parametern (statische Verkehrsobjekte wie beispielsweise Straßenschilder, dynamische Verkehrsobjekte wie andere Fahrzeuge und unterschiedliche Umweltbedingungen wie Regen oder Schnee) ausgesetzt. Hierbei wird beobachtet, ob es stets zum beabsichtigten Systemverhalten führt. Im Gegensatz zur Verifikation soll die Validierung zeigen, dass während des Betriebs des entwickelten Systems in einem definierten Umfang an Testfahren keine kritischen Ereignisse auftreten. Hieraus wird geschlossen, dass unbekannte/unsichere Ereignisse hinreichend selten auftreten. Auf dieser Grundlage kann eine Produktionsfreigabe erteilt werden.

**Beispiel 10**

Ein konkreter Testfall zur Validierung des Systems könnte beispielsweise durch Variation der in der Funktions- und Systembeschreibung vorgesehen Anwendungsfälle (Use Cases) erfolgen. Im konkreten Beispiel hätte eine Validierung des Systems außerhalb der vordefinierten Verkehrsinfrastrukturumgebung erfolgen können. Auf einer „unpassenden Infrastruktur" darf sich die betreffende Funktion nicht aktivieren lassen. Im vorliegenden Beispiel darf ein Autobahnpilot sich nur auf einer Autobahn aktivieren lassen, nicht aber auf einer Landstraße – obwohl das Geschwindigkeitsprofil auf beiden Straßenkategorien vergleichbar ist. Die Validierung gemäß SOTIF seht demnach dediziert vor, dass das zuvor definierte Einsatzumfeld des Systems bewusst erweitert wird und das System ebenfalls in einem bisher nicht berücksichtigen Kontext eingesetzt wird.

## 5.3.1  Proof of Concept – vorläufige Verifikation und Validierung von SOTIF-Anforderungen

Systementwicklungen in der Automobilindustrie sind kosten- und zeitaufwendig. Um die Gewissheit zu erlangen, dass das beabsichtigte Automatisierungskonzept grundsätzlich für den beabsichtigten Einsatzzweck geeignet ist, muss dieses frühzeitig untersucht werden. Auf diese Weise wird verhindert, dass der gesamte Entwicklungszyklus durchlaufen wird, an dessen Ende dann schlussendlich eine negative Aussage aus den Verifikations- und Validierungstests eine Freigabe der betrachteten Funktion verhindert.

Da zu diesem Zeitpunkt weder komplette entwickelten Produkte (als Kombination aus Hard- und Software) vorliegen, noch ihre Integration ins Gesamtfahrzeug erfolgt ist, beschränkt sich die einzige Nachweismethode in der frühen Phase der Systementwicklung darauf, ablauffähige Modelle in Simulationsumgebungen zu testen. Leistungsfähige Simulationssysteme bilden realitätsnah so viele Einflüsse wie möglich (Physik, Verkehr, Funktion, Fahrzeug- und Fahrermodelle, Sensordaten sowie gegebenenfalls Kommunikation) ab. Diese Vorgehensweise wird als *„Model in the loop"* (MIL) bezeichnet.

Grundsätzlich bietet eine solch simulationsbasierte Vorgehensweise mehrere Vorteile (Beglerovic et al. 2018).

- *Variation:* Da die verschiedenen Parameter von Fahrszenarien leicht variiert werden können, wird eine höhere Testabdeckung grundsätzlich leichter umsetzbar sein.
- *Reproduzierbarkeit:* Da die Fahrzeugautomation über ihre Sensorik Faktoren wie Verkehrsteilnehmer, Witterungsverhältnisse und dynamische Hindernisse in ihre Manöver einbezieht, ist im realen Fahrversuch keine ausreichende Reproduzierbarkeit aller möglichen Testszenarien gegeben. Da Simulationen unter kontrollierten Bedingungen ablaufen, wird eine wiederholte Testdurchführung zu den gleichen Testergebnissen führen.
- *Beschleunigung der Testdurchführung:* Die steigende Komplexität von der Fahrzeugautomation hat einen stark ansteigenden Aufwand beim Testen der Assistenzsysteme zur Folge. Die Anzahl der Variation verschiedener Einflüsse ist so hoch, dass sich nicht alle möglichen Szenarien in einer realen Testumgebung nachbilden lassen. Eine simulationsbasierte Vorgehensweise erlaubt es, das betrachtete Fahrmanöver schneller als in Echtzeit durchzuführen. Auch können Tests parallel in mehreren Instanzen der Simulationsmodelle durchgeführt werden. Dies stellt eine Möglichkeit zur erheblichen Beschleunigung von Testaktivitäten dar. oder macht einen Test überhaupt erst möglich.
- *Kosten:* Für Simulationsstudien kann auf eine kostspielige Integration in Realfahrzeuge verzichtet werden. Auch fallen weitere Kosten beispielsweise für Testfahrer nicht an.

### 5.3.2 Eigenschaftsabsicherung – abschließende Verifikation und Validierung von SOTIF-Anforderungen

Bevor ein System die Freigabe erhält, muss nachgewiesen werden, dass es die beabsichtigte Sollfunktion sicher erfüllt. Hierbei werden entwicklungsbegleitend simulationsbasierte Testmethoden auf die verschiedenen Integrationsstufen des Produktes angewendet, bevor am Ende Tests unter Realbedingungen durchgeführt werden können.

**Simulationsbasierte Teststufen** Der Entwicklungsprozess verläuft in verschiedenen Stufen. Die Entwicklungsergebnisse werden sukzessive „bottom-up" integriert und entsprechend auf jeder Ebene simulativ getestet. Dies geschieht parallel zum Fortschritt in der Entwicklung von simulationsbasierten Tests auf verschiedenen Systemskalen.

- *Software-in-the-Loop (SIL):* Aus den ausführbaren Modellen kann automatisch Softwarecode generiert werden. Dieser kann frühzeitig anhand kritischer Fahrszenarien getestet werden.
- *Hardware-in-the-Loop (HIL):* Hierbei wird der Code auf der beabsichtigten Hardware zur Ausführung gebracht. Hierbei können einzelne Steuergeräte in einen Simulationskontext eingebettet werden oder aber im Sinne eines Integrations-HIL mehrere Steuergeräte im Verbund getestet werden. Der Aufbau und die Pflege von HIL-Umgebungen sind sehr aufwendig. Der Nutzen einer Testdurchführung unter kontrollierbaren Umgebungsbedingungen wiegt diese Nachteile in der Regel aber auf.
- *Vehicle-in-the-Loop (VIL):* Hierbei wird die Funktion in ein Fahrzeug integriert und das Gesamtfahrzeug in die Simulationsumgebung eingebunden. VIL-Tests sind vorteilhaft, da für die im Test durchzuführenden Fahrmanöver das Verkehrsumfeld reproduzierbar simuliert werden kann und keine Realfahrzeuge benötigt werden. Außerdem kann in dieser frühen Testphase eine Gefährdung von Testfahrern und der Systemumwelt ausgeschlossen werden (Wagener und Katz 2018).

Aktuelle Forschungsarbeiten betrachten eine Kombination aus virtuellem Testen (dies gestattet viele Permutationen von Testparametern sowie randomisierte Testszenarios) und realer Testdurchführung einzelner Usecases. Der Ansatz „Virtual Assessment of Automation in Field Operation" (VAAFO). VAAFO integriert die

Vorteile realer und virtueller Tests, indem echte Fahrsituationen von in realem Betrieb befindlichen und mit Sensorik für das hochautomatisierte Fahren ausgestatteten (Serien-)Fahrzeugen, aufgezeichnet werden. Diese Aufzeichnungen (beispielsweise Sensordaten und Daten zum Fahrerverhalten) werden dann als Inputgrößen in die Simulationen übertragen, sodass die Automatisierungsfunktionen in realen Situationen risikofrei getestet werden können.

**Tests unter Realbedingungen** Sind die Systeme ausreichend im Labor getestet worden, werden sie anschließend unter Realbedingungen getestet.

- *Tests auf Teststrecken:* Automobilhersteller betreiben befahrbare Kurse, die als Testgelände für die zu untersuchenden Funktionen dienen. Ziel ist es hierbei, Messdaten zu gewinnen und Fehler im System aufzuspüren. Auch kann das Produkt gezielt an seine Grenzen geführt werden, die im Realbetrieb auf öffentlichen Straßen nicht erreicht werden können.
- *Erprobungs- und Versuchsfahrten:* Hierbei handelt es sich um Fahrten im öffentlichen Straßenraum zur Sammlung von Erfahrungen unter realen Bedingungen. Ziel ist es, die Systeme des Fahrzeugs unter realen Bedingungen zu testen, um etwaige Mängel erkennen und beseitigen zu können sowie Leistungsgrenzen des Systems zu offenbaren.

### 5.3.3  Produktbeobachtung – Bestätigung Validierung durch Felderfahrung

Das Leben eines Produktes endet nicht mit Inverkehrbringen. Probleme infolge falsch oder unvollständig realisierter Funktionen zeigen sich – wie das für dieses *essential* genutzte reale Beispiel deutlich zeigt – leider oftmals erst im Feld. Eigentlich soll SOTIF genau dies verhindern. Aufgrund der Komplexität und des großen Lösungsraums wird man das Auftreten von Fehlern im Feld jedoch nie vollständig vermeiden können. Daher unterliegen Automobilhersteller spätestens seit der Rechtsprechung des Bundesgerichtshofs im „Hondafall" der Pflicht zur Produktbeobachtung. Auch wenn dieser Aspekt im aktuellen ISO/PAS 21448 nicht betrachtet wird, wird dies allerdings für die Einführung zunehmend höher automatisierter Fahrzeuge im Straßenverkehr allgemein diskutiert (Bundesministerium für Verkehr und digitale Infrastruktur 2017). Daher sind auch für die strukturierte Sammlung und Aus- wertung von Felderfahrungen methodische Ansätze erforderlich, die nachfolgend skizziert werden sollen:

- *Unfalldatenbanken:* In Unfalldatenbanken wie GIDAS (German in depth accident study) werden Daten und rekonstruierte Unfallabläufe erfasst. Diese Datenbasis ist die Grundlage für zukünftige Ideen und Konzepte in Forschung und Entwicklung der Automobil- und Zulieferindustrie (Schnieder und Schnieder 2013).

- *Fahrverhaltensstudien (Naturalistic Driving Studies):* Fahrverhaltensstudien dienen neben den Unfalldatensätzen der Abbildung des realen Verkehrsgeschehens. Hierbei werden Szenarien im realen Mischverkehr erfasst, sodass neben normalen, kritischen und hochkritischen Situationen auch Verhaltensmuster der Fahrer detektiert werden können. Diese Informationen haben eine große Bedeutung für die Systemauslegung von (teil-)automatisierten Fahrfunktionen sowie von Fahrerassistenzsystemen (Preuk et al. 2016).

- *Herstellereigene Datenbasen (Cloud):* Die Hersteller bauen aktuell umfangreiche Datenbasen auf, mit denen eine Beobachtung der Sicherheitsleistungsfähigkeit ihrer im Feld befindlichen Systeme erfolgen kann. Randbedingung hierfür ist eine Einwilligung des Nutzers in die Datenerfassung.

# Fazit und Ausblick 6

Das Konzept von SOTIF zusammen mit der Cybersecurity und der Funktionalen Sicherheit bildet einen ganzheitlichen Ansatz der Entwicklung sicherer Steuerungssysteme für Kraftfahrzeuge. Mit zunehmender Komplexität von Fahrerassistenz und Fahrzeugautomation kommt der korrekten Implementierung der Sollfunktion in den Fahrzeugen eine höhere Bedeutung zu. SOTIF ist ein erster Ansatz, die Robustheit von Fahrerassistenz und Fahrzeugautomation zu erhöhen. Im Folgenden werden die Stärken und Schwächen des SOTIF-Ansatzes diskutiert und die Chancen und Risiken aufgezeigt.

Eine *Stärke des SOTIF-Ansatzes* ist, dass der Ansatz das normative Sicherheitsverständnis abrundet. Die Gebrauchssicherheit steht nunmehr gleichberechtigt neben der funktionalen Sicherheit und der Cybersecurity im Engineering von Automotiveanwendungen. Hierbei wird in Summe eine höhere Qualität in der Entwicklung von Fahrerassistenz und Fahrzeugautomation möglich.

*Schwächen des SOTIF-Ansatzes* liegen in seiner im Vergleich zur Funktionalen Sicherheit gemäß ISO 26262 unvollständigen Operationalisierung. Dies erschwert ein gezieltes Management („Welches SOTIF-Risiko ist akzeptiert?"). Darüber hinaus bleibt unklar, wie genau der unabhängige Nachweis (Assessment) von SOTIF gestaltet werden kann.

*Chancen des SOTIF-Ansatzes* liegen darin begründet, dass eine höhere Qualität der Fahrzeugautomation deren Akzeptanz nachhaltig fördern kann. Aktuell konsolidiert sich die Normungslandschaft für alle drei Aspekte der Gebrauchssicherheit, der funktionalen Sicherheit und der Cybersecurity. Daher besteht die Möglichkeit, auf eine abgestimmte Weiterentwicklung der Normen hinzuwirken.

*Risiken des SOTIF-Ansatzes* liegen in einer möglicherweise fehlenden branchenweiten Koordination einer Felddaten- und Szenarienbasis begründet. Aktuell lernt jeder Hersteller für sich aus den eigenen Feldbeobachtungen. Synergien hinsichtlich einer möglichst breiten Szenarienabdeckung bleiben möglicherweise ungenutzt.

Zusammenfassend mündet diese Darstellung von Chancen, Risiken sowie Stärken und Schwächen von SOTIF in einen Appell der Autoren, dass es zukünftig zu einer unabhängigen Unfalluntersuchung mit dem hieraus folgenden Aufbau einer herstellerübergreifenden Testdatenbank kommen möge. Dies würde eine zentrale Forderung der vom Bundesministerium für Verkehr und Digitale Infrastruktur eingesetzten Ethik-Kommission zum vernetzten und automatisierten Fahren umsetzen. Strukturiert erfasste Unfälle mit einer unabhängigen Untersuchung ihrer Ursachen bilden die Grundlage für die Ableitung valider Testfallkataloge. Diese Testfallkataloge können im Sicherheitslebenszyklus von Fahrerassistenz und Fahrzeugautomation von allen Herstellern gleichermaßen angewendet werden. Werden dann noch alle drei Entwurfs- disziplinen perspektivisch in einem aufeinander abgestimmten Vorgehensmodell gebündelt, besteht die realistische Hoffnung, dem übergeordneten Ziel der „Vision Zero" (keine Toten und Verletzten im Straßenverkehr) durch höhere Fahrzeugautomation ein großes Stück näher zu kommen.

# Was Sie aus diesem *essential* mitnehmen können

- Verständnis, welche Bedeutung die vollständige Spezifikation von Sicherheitsfunktionen für die sichere Gestaltung eines zunehmend höher automatisierten Straßenverkehrs hat.
- Kenntnis, durch welche Methoden der Systemanalyse ein Beitrag zur Vervollständigung der Sicherheitsfunktionen geleistet werden kann.
- Kenntnis, welchen Beitrag die Systemverbesserungen im Sinne optimierter systemtechnischer Wirkketten (Sensoren, Algorithmen, Aktoren), sowie die funktionale Einschränkung der betrachteten Funktion auf die Robustheit der Sollfunktion haben.
- Kenntnis, welche Rolle der Faktor Mensch in der Gestaltung einer robusten Sollfunktion hinsichtlich einer angemessenen Ausgestaltung der Mensch-Maschine-Interaktion sowie der systematischen Betrachtung des vernünftigerweise vorhersehbaren Fehlgebrauchs hat.
- Kenntnis, wie ein strukturierter Nachweis der Robustheit durch Maßnahmen der Verifikation und Validierung entlang des Lebenszyklus sicherheitsrelevanter elektronischer Steuerungssysteme für Kraftfahrzeuge gelingt.

© Springer Fachmedien Wiesbaden GmbH, ein Teil von Springer Nature 2020          43
L. Schnieder und R. S. Hosse, *Leitfaden Safety of the Intended Functionality*,
essentials, https://doi.org/10.1007/978-3-658-30038-8

# Literatur


Beglerovic, Halil, Steffen Metzner, und Martin Horn. 2017. Challenges for the validation and testing of automated driving functions. In *Advanced microsystems for automotive applications 2017*, Hrsg. C. Zachäus et al. Wiesbaden: Springer.

Bundesministerium für Verkehr und digitale Infrastruktur. 2017. Abschlussbericht der Ethikkommission Automatisiertes und Vernetztes Fahren.

Cacilo, Andrej, Sarah Schmidt, Philipp Wittlinger, Florian Herrmann, Wilhelm Bauer, Oliver Sawade, Hannes Doderer, Matthias Hartwig, und Volker Scholz. 2015. Hochautomatisiertes Fahren auf Autobahnen – Industriepolitische Schlussfolgerungen. Studie im Auftrag des Bundesministeriums für Wirtschaft und Energie (BMWi).

DIN 25424-1:1980. Fehlerbaumanalyse; Methode und Bildzeichen.

DIN EN 62502 – 2011-06. Verfahren zur Analyse der Zuverlässigkeit – Ereignisbaumanalyse.

Gasser, T., C. Arzt, M. Ayoubi, A. Bartels, L. Bürkle, J. Eier, F. Flemisch, D. Häcker, T. Hesse, W. Huber, C. Lotz, M. Maurer, S. Ruth-Schumacher, J. Schwarz, und W. Vogt. 2012. Rechtsfolgen zunehmender Fahrzeugautomatisierung – Gemeinsamer Schlussbericht der Projektgruppe. In Berichte der Bundesanstalt für Straßenwesen, Bergisch-Gladbach.

Hosse, René Sebastian, Daniel Beisel, Eckehard Schnieder. 2012. Analysing driver assistant systems with a socio-technical hazard analysing methodology. 5th International. Conference on ESAR („Expert Symposium on. Accident Research"). Hannover 7th/8th September 2012.

IEC 60812:2018. Failure modes and effects analysis (FMEA and FMECA).

IEC 61882: Hazard and operability studies (HAZOP studies) – Application guide. 2016. International Electrotechnical Commission.

ISO 26262: Functional safety – Road vehicles. 2011. International Standardisation Organisation.

Klindt, T., und B. Handorn. 2010. Haftung eines Herstellers für Konstruktions- und Instruktionsfehler. *Neue Juristische Wochenschrift* 63 (16): 1105–1108.

Leveson, N.G. 2011. *Engineering a safer world*. Massachusetts: MIT Press.

National Transportation Safety Board (NTSB). 2017. *Highway accident report – Collision between a car operating with automated vehicle control systems and a tractor-semitrailer truck near Williston, Florida, May 7 2016 (NTSB/HAR-17/02)*. Washington: NTSB.



© Springer Fachmedien Wiesbaden GmbH, ein Teil von Springer Nature 2020

L. Schnieder und R. S. Hosse, *Leitfaden Safety of the Intended Functionality*, essentials, https://doi.org/10.1007/978-3-658-30038-8

Preuk, Katharina, Lars Schnieder, Claus Kaschwich, Daniel Waigand, Eva-Maria Elmenhorst. 2016. Belastungen von Mitarbeitern im Fahrdienst des öffentlichen Verkehrs – Validierung und Akzeptanzanalyse eines psychomotorischen Vigilanztests im Testfeld AIM. 17. Symposium Automatisierungssysteme, Assistenzsysteme und eingebettete Systeme für Transportmittel (AAET), Braunschweig, 10.–11. Februar 2016, 61–78.

Reif, Konrad. 2010. *Fahrstabilisierungssysteme und Fahrerassistenzsysteme*. Wiesbaden: Vieweg + Teubner.

SAE J 3061: Cybersecurity guidebook for cyber-physical vehicle systems. 2016. Society for automotive engineers.

Schnieder, Lars, und René S. Hosse. 2018. *Leitfaden Automotive Cybersecurity Engineering – Absicherung vernetzter Fahrzeuge auf dem Weg zum autonomen Fahren*. Berlin: Springer.

Schnieder, Eckehard, und Lars Schnieder. 2013. *Verkehrssicherheit – Maße und Modelle, Methoden und Maßnahmen*. Berlin: Springer.

Wagener, Andreas, und Roman Katz. 2016. *Automated scenario generation for testing advanced driver assistance systems based on post-processed reference laser scanner data. Proceedings Fahrerassistenzsysteme 2016*. Wiesbaden: Springer.

Winner, Hermann, Stephan Hakuli, Felix Lotz, und Christina Singer, Hrsg. 2015. *Handbuch Fahrerassistenzsysteme – Grundlagen, Komponenten und Systeme für aktive Sicherheit und Komfort*. Berlin: Springer.